逆向建模与3D打印技术

陈志富　陈辉珠　主　编

郭潭长　罗月媚　副主编

陈美莲　陈洪浩　孙文辉　参　编

电子工业出版社

Publishing House of Electronics Industry

北京·BEIJING

内 容 简 介

本书以十个典型产品为项目载体，基于 Creo 5.0 软件，详细、全面地讲解逆向建模方法，并通过 3D 打印技术验证设计结果，让设计更加直观、有效。

全书内容共分为四部分：第一部分以机械锁具为主，讲解锁舌、拨块等五金零件的逆向建模方法；第二部分以电吹风为主，讲解导风嘴、风扇叶片、电吹风外壳等塑料零件的逆向建模方法；第三部分以小黄鸭、小牛蓝牙音箱为主，讲解玩具的逆向建模方法；第四部分以筋膜枪、测温枪为主，讲解保健美容类产品的逆向建模方法。

本书适合作为职业院校增材制造技术、模具设计与制造技术、产品设计等专业的教学用书，也可作为产品结构设计从业者学习逆向建模和 3D 打印技术的参考用书。

图书在版编目（CIP）数据

逆向建模与 3D 打印技术 / 陈志富，陈辉珠主编. —北京：电子工业出版社，2023.3

ISBN 978-7-121-45099-0

Ⅰ. ①逆… Ⅱ. ①陈… ②陈… Ⅲ. ①快速成型技术 Ⅳ. ①TB4

中国国家版本馆 CIP 数据核字（2023）第 030055 号

责任编辑：蒲　玥　　　　　特约编辑：田学清
印　　刷：三河市良远印务有限公司
装　　订：三河市良远印务有限公司
出版发行：电子工业出版社
　　　　　北京市海淀区万寿路 173 信箱　　　邮编：100036
开　　本：880×1230　　1/16　　印张：18.75　　字数：408 千字
版　　次：2023 年 3 月第 1 版
印　　次：2023 年 3 月第 1 次印刷
定　　价：45.00 元

凡所购买电子工业出版社图书有缺损问题，请向购买书店调换。若书店售缺，请与本社发行部联系，联系及邮购电话：（010）88254888，88258888。

质量投诉请发邮件至 zlts@phei.com.cn，盗版侵权举报请发邮件至 dbqq@phei.com.cn。

本书咨询联系方式：（010）88254485，puyue@phei.com.cn。

前　言

增材制造技术专业是目前较为新兴的一个专业，目前该专业的可选教材不多。本书是为了适应职业教育专业发展的需要，满足新兴专业对教材的需求，结合增材制造技术专业的教学标准、培养目标及课程教学基本要求而编写的。

中国共产党第二十次全国代表大会的报告指出，教育、科技、人才是全面建设社会主义现代化国家的基础性、战略性支撑。本书有别于传统的以命令讲解为主的教材，本书以实际生产项目为载体，以实际工作过程为流程框架，把知识点融入相应的任务中，让学生在完成实际任务的过程中掌握相应的操作命令，既符合职业院校学生的学习特点，又可以有效提升教学效果，以培养符合工作需要的高技能人才。

本书在划分模块、选定任务的过程中，广泛听取了专家和多所职业院校专业老师的建议，与企业工程技术专家和管理人员进行了课题研讨，对往届、应届毕业生及在校学生进行了调研，最终确立了十个项目，包含了五金零件设计、塑料零件设计、玩具设计、保健美容类产品设计四个市场常见的产品类型。

本书在编写时，采用了任务驱动的学习模式，把知识点、技能点融入具体的任务中，学生通过实施任务掌握相应的作图技能。本书采用"加油站"对作图方法及原理进行详细说明，采用"项目拓展"完成对知识的巩固复习，并达到举一反三的效果。本书内含精心制作的大量插图来呈现内容，配套课程资源包含了模型扫描数据、操作视频、建模结果文件及拓展模型，以便学生理解和学习。操作视频可扫描书中二维码观看学习，模型扫描数据等教学资源可登录华信教育资源网免费下载。

本书作为新兴专业增材制造技术专业的教材，将为增材制造技术、产品转型升级等方面赋能，为培养新兴专业高技能人才，实施科教兴国战略、人才强国战略、创新驱动发展战略贡献微薄力量。

　　本书由陈志富、陈辉珠统稿，主要编写人员分工如下：逆向建模部分内容，项目一、项目四、项目九由陈洪浩编写；项目六、项目十由罗月媚编写；项目三、项目八由陈志富、陈辉珠编写；项目二、项目五、项目七由陈美莲编写；全书的 3D 打印部分内容由郭潭长、孙文辉完成。由于编者水平有限，书中难免有疏漏和不足之处，敬请广大读者批评指正。

编　者

目 录

项目一
斜锁舌逆向建模与 3D 打印

斜锁舌是机械锁中较常用的用于门锁的零件，由锌合金压铸而成。该零件的结构特征比较简单，因此适合作为入门训练的第一个项目。

项目目标

1. 学会扫描数据导入。
2. 初步掌握草绘方法。
3. 掌握拉伸命令。
4. 掌握该零件的 3D 打印成型方法。

项目完成效果图

完成后的斜锁舌效果图如图 1-1-1 所示。

图 1-1-1　完成后的斜锁舌效果图

项目实施

任务一　逆向建模

逆向建模步骤视频

1．新建文件

启动 Creo 5.0 软件，在"主页"选项卡中单击"新建"按钮，系统弹出"新建"对话框，在该对话框的"文件名"文本框中输入"斜锁舌"并取消勾选"使用默认模板"复选框，单击"确定"按钮。图 1-1-2 所示为新建文件的操作步骤。

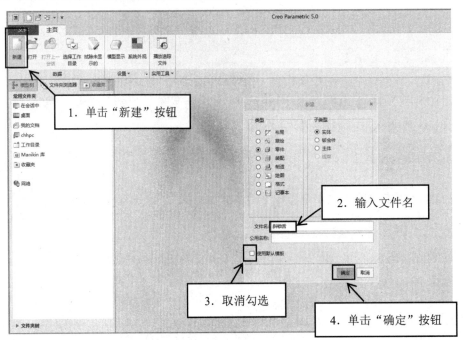

图 1-1-2　新建文件的操作步骤

2．选择模板

弹出"新文件选项"对话框后，在"模板"选区中，选择"mmns_part_solid"模板并单击"确定"按钮。图 1-1-3 所示为在对话框中进行零件配置的操作步骤。

3．获取文件数据

在"模型"选项卡中，打开"获取数据"下拉列表，选择"导入"选项。图 1-1-4 所示为获取文件数据的操作步骤。

4．导入文件

执行上述操作后，系统弹出"打开"对话框，在"类型"的下拉列表中选择"所有文件"选项，在文档中找到扫描数据"xss.stl"并单击"导入"按钮。导入文件的操作步骤如图 1-1-5 所示。

图 1-1-3　在对话框中进行零件配置的操作步骤

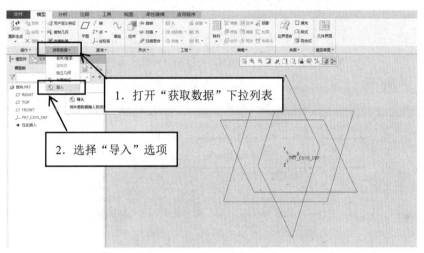

图 1-1-4　获取文件数据的操作步骤

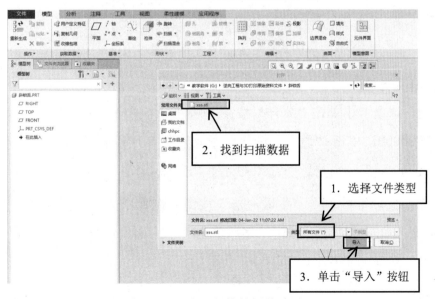

图 1-1-5　导入文件的操作步骤

5. 进入小平面编辑环境

弹出"文件"对话框后，在"导入类型"选区中选中"小平面"单选按钮，单击"确定"按钮，选择小平面导入类型的操作步骤如图 1-1-6 所示。

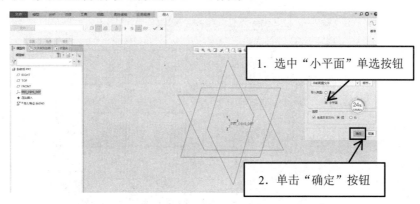

图 1-1-6 选择小平面导入类型的操作步骤

在"导入"选项卡中单击"进入小平面编辑环境"按钮进入小平面编辑环境，如图 1-1-7 所示。

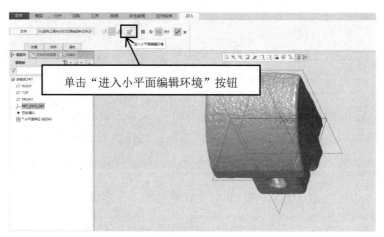

图 1-1-7 进入小平面编辑环境

6. 设置分样百分比

在"小平面"选项卡中单击"分样"按钮，弹出的"分样"对话框，在"保持百分比"数值框内输入 10.000000，单击"确定"按钮，完成如图 1-1-8 所示的分样百分比设置。

7. 生成流形

在"小平面"选项卡中单击"生成流形"按钮，在弹出的"生成流形"对话框中已默认"开放"流形类型，单击"确定"按钮，然后单击"小平面"选项卡中的"确定"按钮，生成流形，如图 1-1-9 所示。

8. 视图法向

选中图 1-1-10 所示的"FRONT"平面，在弹出的浮动工具条中单击"视图法向"按钮，摆正后的图形效果如图 1-1-11 所示。

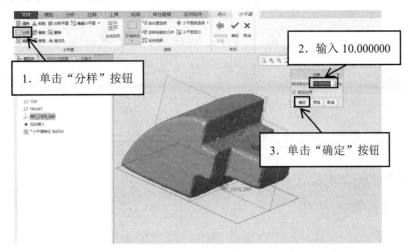

图 1-1-8　分样百分比设置

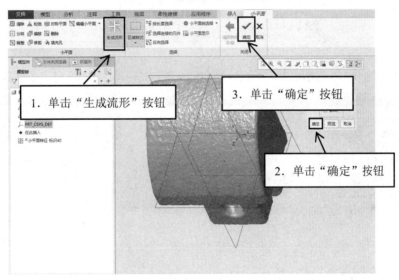

图 1-1-9　生成流形

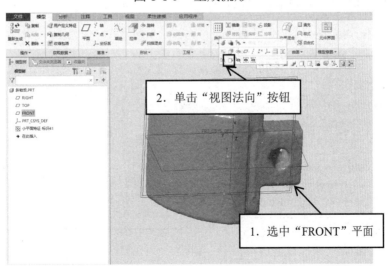

图 1-1-10　"FRONT"平面

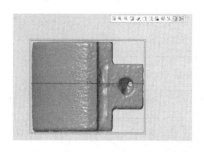

图 1-1-11 摆正后的图形效果

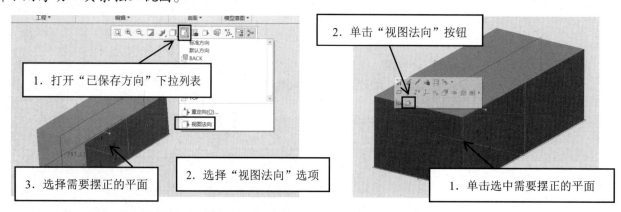

技能加油站

用户在设计过程中，为了方便观察图形和绘图，需要摆正视图，即将目标特征正面朝向操作者，具体操作如下。

1. 用图形工具条摆正视图

在图形工具条中，打开"已保存方向"下拉列表，选择"视图法向"选项，再选择需要摆正的平面。图 1-1-12 所示为用图形工具条摆正视图的操作步骤。

2. 用浮动工具条摆正视图

单击选中需要摆正的平面，在弹出的浮动工具条中单击"视图法向"按钮，即可如图 1-1-13 所示用浮动工具条摆正视图。

图 1-1-12 用图形工具条摆正视图的操作步骤

图 1-1-13 用浮动工具条摆正视图

9. 新建基准平面

单击"模型"选项卡中的"平面"按钮，选中"RIGHT"平面，按住鼠标左键向下拖动小圆点，如图 1-1-14 所示，拖动该小圆点到与零件下表面平齐的位置后，单击"确定"按钮，拖动后的效果如图 1-1-15 所示。

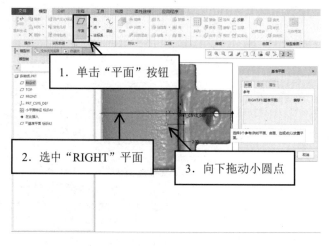

图 1-1-14 按住鼠标左键向下拖动小圆点

10．摆正视图

单击选中上述新建的基准平面，在弹出的浮动工具条中单击"草绘"按钮，进入草绘界面，如图 1-1-16 所示。

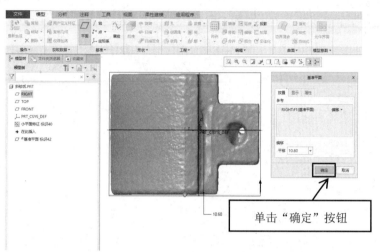

图 1-1-15 拖动后的效果

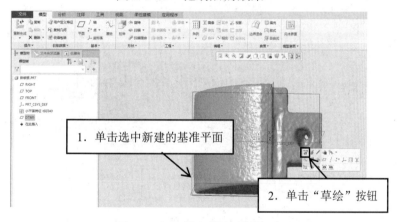

图 1-1-16 进入草绘界面

选择草绘视图如图 1-1-17 所示，单击图形工具条中的"草绘视图"按钮，得到如图 1-1-18 所示的摆正效果图。

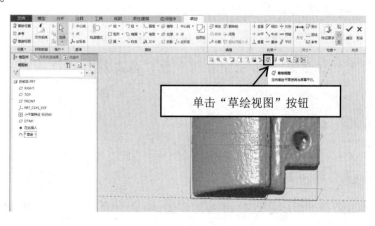

图 1-1-17 选择草绘视图

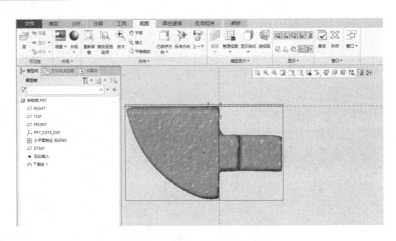

图 1-1-18　摆正效果图

11．拉伸舌特征

在"草绘"选项卡中，根据扫描数据，利用"线""弧"等工具绘制如图 1-1-19 所示的左侧轮廓草图（尺寸参考值：线为 15.00，弧为 17.75）。单击"确定"按钮后，退出草绘界面。

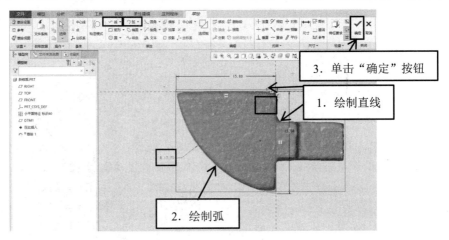

图 1-1-19　左侧轮廓草图

 技能加油站

1．两点直线——通过两点来创建直线，其操作步骤如下。

（1）在"草绘"选项卡中打开 ∧线▾ 下拉列表，单击其中的 ∧线链 按钮。

（2）单击直线的起始位置点，此时可看到一条"橡皮筋"线附着在鼠标指针上。

（3）单击直线的终止位置点，系统便在两点间创建一条直线，并且在直线的终点处出现另一条"橡皮筋"线。

（4）重复步骤（3），可创建一系列连续的线段。

（5）单击鼠标中键，可结束直线的创建。

2．三点/相切端圆弧——通过确定圆弧的两个端点和弧上的一个附加点来创建一个三点圆弧，其操作步骤如下。

（1）打开 ⌒弧 ▾ 下拉列表，单击其中的 ⌒ 3点/相切端 按钮。

（2）在绘图区的某位置单击，放置圆弧的一个端点；在另一位置单击，放置另一个端点。

（3）移动鼠标指针，圆弧呈"橡皮筋"样变化，单击确定圆弧上的一点。

选中上一步绘制的"草绘 1"，在"模型"选项卡中单击"形状"组中的"拉伸"按钮，进入拉伸编辑界面，如图 1-1-20 所示。

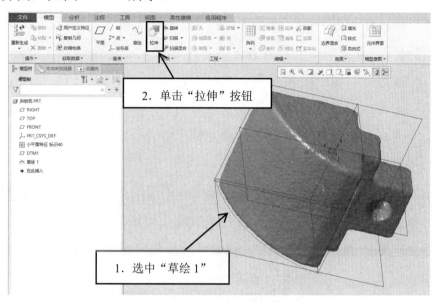

图 1-1-20　进入拉伸编辑界面

执行上述操作后，屏幕上方出现如图 1-1-21 所示的"拉伸"特征操控板。在操控板中单击"实体特征类型"按钮 ▢（在默认情况下，此按钮为选中状态）。

图 1-1-21　"拉伸"特征操控板

 技能加油站

说明：利用拉伸工具，可以创建如下几种特征类型。

（1）实体类型：单击操控板中的"实体特征类型"按钮 ▢，可以创建实体类型的特征。在由截面草图生成实体时，实体特征的截面草图完全由材料填充，如图 1-1-22 所示。

（2）曲面类型：单击操控板中的"曲面特征类型"按钮 ▢，可以创建一个拉伸曲面。在 Creo 5.0 软件中，曲面是一种没有厚度和质量的片体几何，通过相关操作可变成带厚度的实体。

（3）薄壁类型：单击操控板中的"薄壁特征类型"按钮 ▢，可以创建薄壁类型的特征。在由截面草图生成实体时，薄壁特征的截面草图由材料填充成均厚的环，环的内侧或外侧或中心轮廓线是截面草图，如图 1-1-23 所示。

图 1-1-22　实体特征

图 1-1-23　薄壁特征

（4）切削类型：单击操控板中的"切削特征类型"按钮◢，可以创建切削类型的特征。一般来说，创建的特征可分为"正空间"特征和"负空间"特征。"正空间"特征是指在现有零件模型上添加材料，"负空间"特征是指在现有零件模型上去除材料，即切削。

如果"切削特征类型"按钮◢被选中，同时"实体特征类型"按钮□也被选中，那么用于创建"负空间"实体，即在现有零件模型上去除材料。创建零件模型的第一个（基础）特征时，零件模型中没有任何材料，所以零件模型的第一个（基础）特征不可能是切削类型的特征，因此按钮◢是灰色的，不能选取。

如果"切削特征类型"按钮◢被选中，同时"曲面特征类型"按钮◠也被选中，那么用于曲面的裁剪，即在现有曲面上裁剪掉正在创建的曲面特征。

如果"切削特征类型"按钮◢被选中，同时"薄壁特征类型"按钮□及"实体特征类型"按钮□也被选中，那么用于创建薄壁切削实体特征。

拖动小圆点，将拉伸高度贴紧模型的上表面（参考值：19.65），单击"拉伸"选项卡中的"曲面拉伸"按钮，并勾选"选项"选项卡中的"封闭端"复选框，然后单击"确定"按钮，拉伸主体，如图 1-1-24 所示。

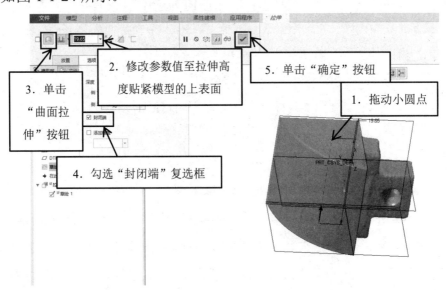

图 1-1-24　拉伸主体

12. 拉伸肋板特征

按住鼠标中键旋转扫描数据，选定新的草绘平面，如图 1-1-25 所示，在弹出的浮动工具条中单击"草绘"按钮，摆正草绘视图。

在"草绘"选项卡中单击"草绘"组中的"矩形"按钮，如图 1-1-26 所示绘制矩形，对矩形进行位置和大小的约束（参考值：位置为 4.40，大小为 5.80），然后单击"确定"按钮。

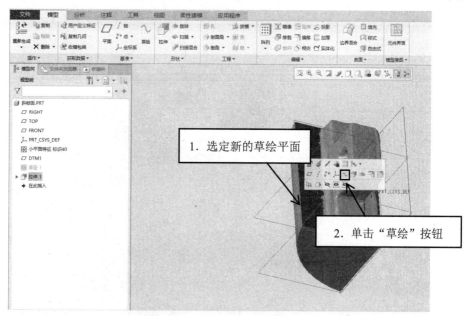

图 1-1-25　选定新的草绘平面

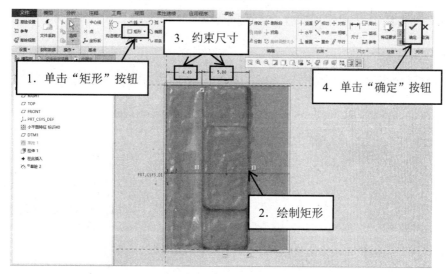

图 1-1-26　绘制矩形

 技能加油站

创建两点矩形的操作步骤如下。

（1）在"草绘"选项卡中打开 □矩形 ▼ 下拉列表，单击其中的 □拐角矩形 按钮。

（2）在绘图区的某位置单击，放置矩形的一个角点，然后拖动该矩形至所需大小。

（3）再次单击，放置矩形的另一个角点。此时，系统在两个角点间绘制出一个矩形。

对上一步完成的"草绘 2"矩形进行拉伸，单击"曲面拉伸"按钮，在"选项"选项卡中勾选"封闭端"复选框，拖动小圆点，修改参数至贴紧模型表面（参考值：10.10），然后单击"确定"按钮。图 1-1-27 所示为拉伸矩形的操作步骤。

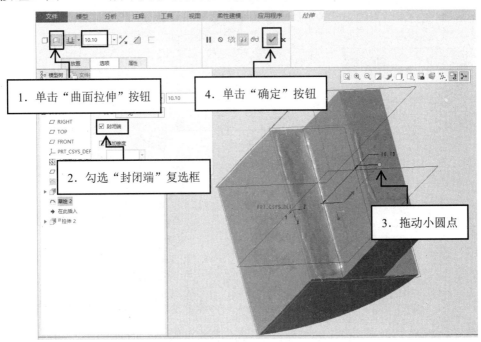

图 1-1-27　拉伸矩形的操作步骤

13．拉伸切割平面

在"模型树"选项卡中，选择上一步完成的"拉伸 2"特征，在弹出的浮动工具条中单击"隐藏"按钮，隐藏"拉伸 2"，如图 1-1-28 所示。

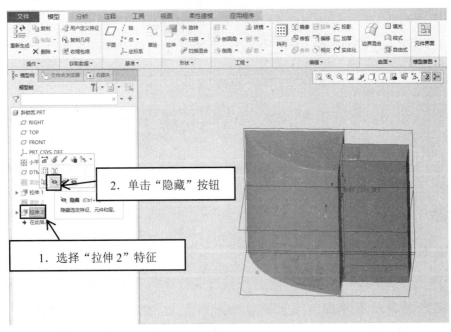

图 1-1-28　隐藏"拉伸 2"

按住鼠标中键旋转扫描数据，选中"FRONT"平面，在弹出的浮动工具条中单击"草绘"按钮，进入草绘界面，如图 1-1-29 所示。

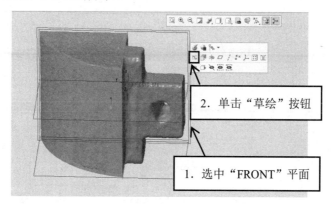

图 1-1-29　进入草绘界面

在新的草绘界面中绘制缺口直线，如图 1-1-30 所示，约束它们的位置（参考值：3.30、4.40），然后单击"确定"按钮。

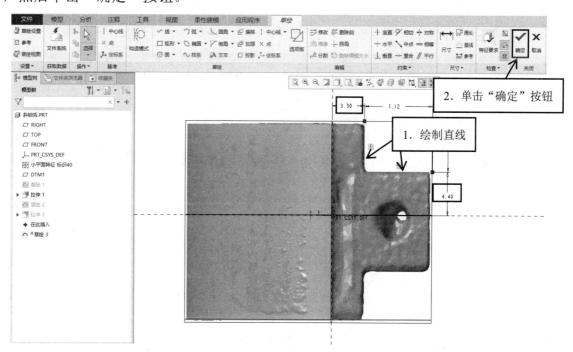

图 1-1-30　绘制缺口直线

对上一步完成的"草绘 3"进行拉伸，拖动小圆点向前移动直至覆盖扫描数据，然后单击"确定"按钮。图 1-1-31 所示为拉伸切割平面的操作步骤。

14. 创建镜像切割平面

若要镜像上一步完成的面，则需要找到对称中心平面。单击"模型"选项卡中的"平面"按钮，选中上平面，转动扫描数据，按住 Ctrl 键的同时选中下平面，生成对称中心平面 DTM2，然后单击"确定"按钮。生成镜像对称中心平面的操作步骤如图 1-1-32 所示。

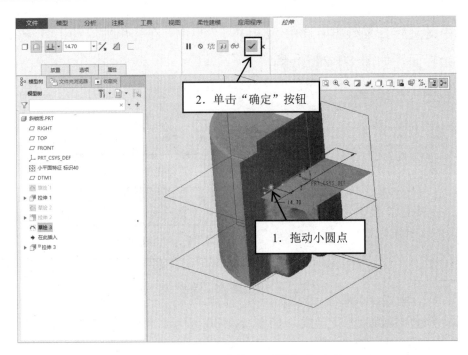

图 1-1-31　拉伸切割平面的操作步骤

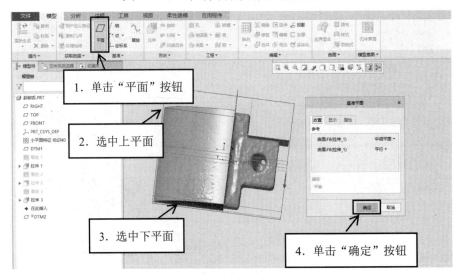

图 1-1-32　生成镜像对称中心平面的操作步骤

　　在"模型树"选项卡中，选择"拉伸3"特征，在弹出的浮动工具条中单击"镜像"按钮，进入镜像编辑界面，如图 1-1-33 所示。单击选中对称中心平面 DTM2，然后单击"确定"按钮，完成镜像，如图 1-1-34 所示。

15. 拉伸孔特征

　　选择"FRONT"面为草绘平面进行草绘，进入草绘视图后，在"草绘"选项卡中单击"设置"组中的"参考"按钮，选择 DTM2 平面为草绘参考平面后，单击"关闭"按钮。图 1-1-35 所示为选择草绘参考平面的操作步骤。

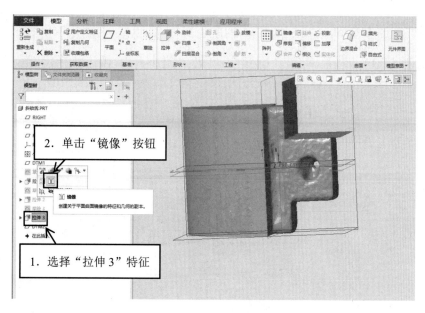

图 1-1-33　进入镜像编辑界面

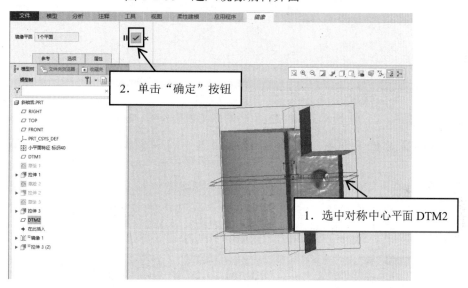

图 1-1-34　完成镜像

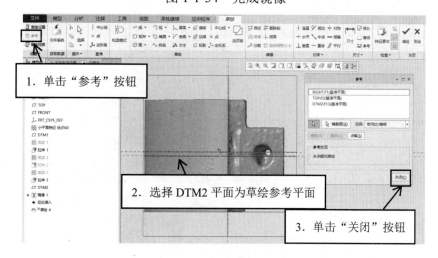

图 1-1-35　选择草绘参考平面的操作步骤

单击"草绘"选项卡中的"圆"按钮绘制圆，并对圆的位置和大小进行约束（参考值：边距为6.30，直径为4.00），然后单击"确定"按钮。图1-1-36所示为绘制圆的操作步骤。

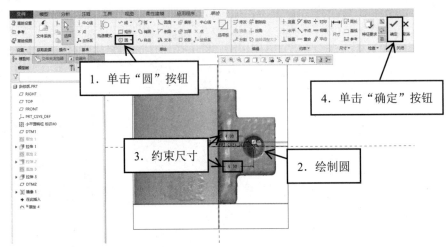

图1-1-36　绘制圆的操作步骤

 技能加油站

中心/点——通过选取中心点和圆上一点来创建圆。

（1）打开 ⊙圆 ▼ 下拉列表，单击其中的 ⊙圆心和点 按钮。

（2）在绘图区某位置单击，放置圆的中心点，将该圆拖至所需大小后再次单击，完成该圆的创建。

对上一步完成的"草绘4"小圆进行拉伸，拖动小圆点向前移动，直至穿过扫描数据，然后单击"确定"按钮。图1-1-37所示为拉伸中间小圆的操作步骤。

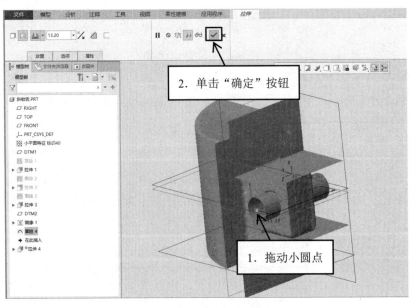

图1-1-37　拉伸中间小圆的操作步骤

16．实体化舌特征

在"模型树"选项卡中单击"拉伸1"特征。在"模型"选项卡中单击"编辑"组中的"实体化"按钮，进入实体化编辑界面，如图1-1-38所示。单击"确定"按钮，完成如图1-1-39所示的"拉伸1"特征的实体化。

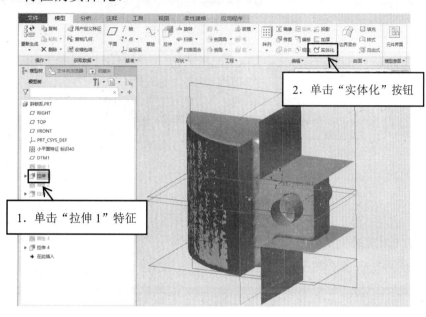

图1-1-38　进入实体化编辑界面

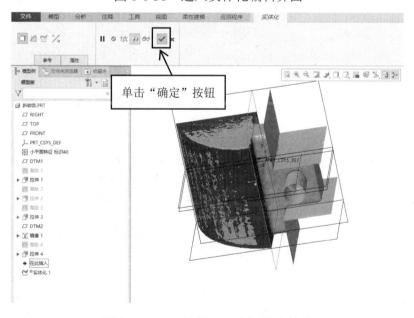

图1-1-39　"拉伸1"特征的实体化

17．实体化肋板特征

在"模型树"选项卡中单击"拉伸2"特征，在弹出的浮动工具条中单击"显示"按钮。单击"模型"选项卡中"编辑"组中的"实体化"按钮，完成如图1-1-40所示的"拉伸2"特征的实体化。

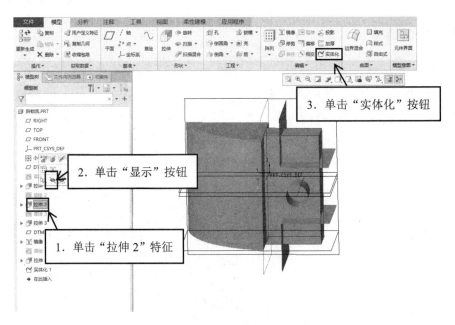

图 1-1-40　"拉伸 2"特征的实体化

18．实体化其他特征

实体化"拉伸 3"特征时，要在"实体化"选项卡中，先选中"移除材料"按钮，然后单击"确定"按钮，得到如图 1-1-41 所示的切割外侧方块效果（1）。

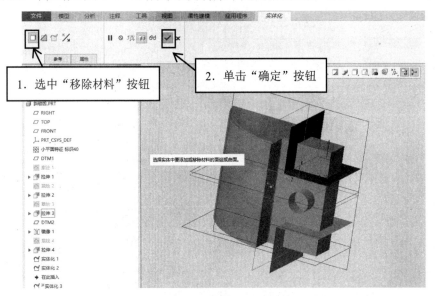

图 1-1-41　切割外侧方块效果（1）

用同样的方法实体化"镜像 1"特征，得到如图 1-1-42 所示的切割外侧方块效果（2）。
用同样的方法实体化"拉伸 4"特征，得到如图 1-1-43 所示的挖孔效果。

19．编辑小平面特征

确定倒圆角大小，要参照实体与扫描数据之间的贴合程度，因此要对小平面进行编辑。选择"模型树"选项卡中的"小平面特征 标识 40"选项，在弹出的浮动工具条中单击"编辑定义"按钮，进入小平面编辑界面的操作步骤如图 1-1-44 所示。

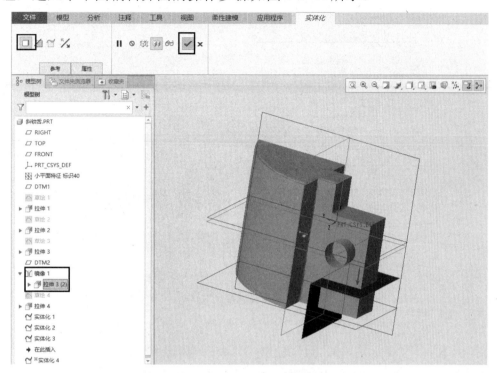

图 1-1-42　切割外侧方块效果（2）

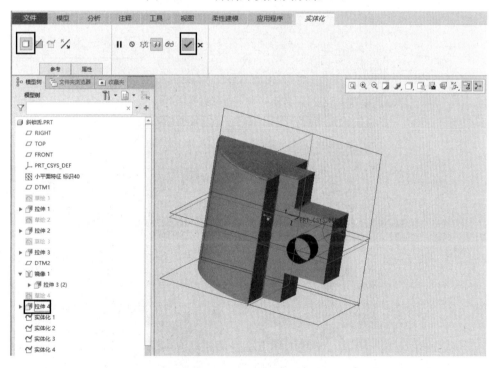

图 1-1-43　挖孔效果

进入小平面编辑界面后，单击"小平面"选项卡中的"小平面显示"按钮，然后单击"确定"按钮，显示小平面的操作步骤如图 1-1-45 所示。

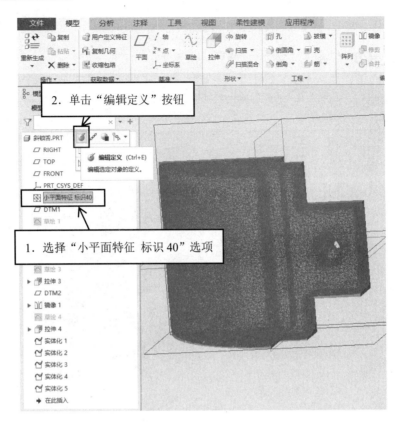

图 1-1-44　进入小平面编辑界面的操作步骤

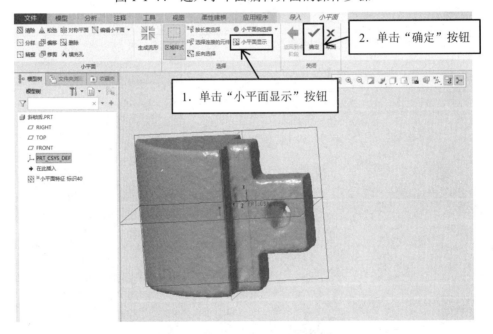

图 1-1-45　显示小平面的操作步骤

20．倒圆角

在"模型"选项卡中单击"工程"组中的"倒圆角"按钮，选中要倒圆角的棱边，拖动小圆点调整圆角半径，倒圆角的操作步骤如图 1-1-46 所示。倒圆角完成后的图形如图 1-1-47 所示。

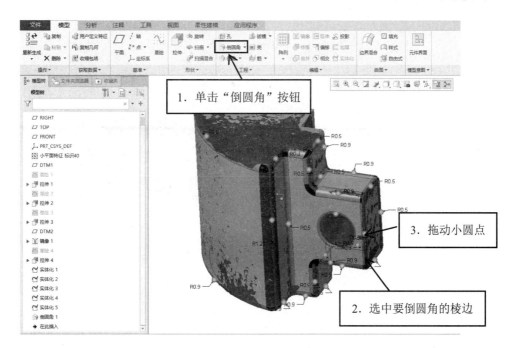

图 1-1-46　倒圆角的操作步骤

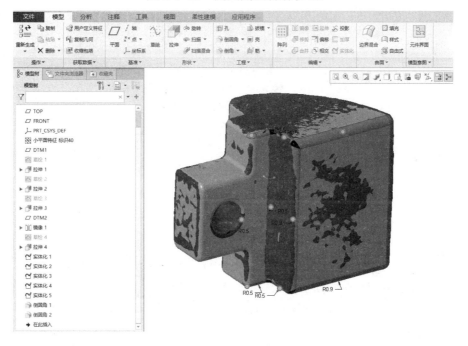

图 1-1-47　倒圆角完成后的图形

技能加油站

倒圆角是一种工程特征，主要包含如下三种倒圆角类型。

1. 一般圆角

如图 1-1-48 所示，单击选中模型的棱边（注意圆角半径相同的棱边，按 Ctrl 键依次选中），在弹出的工具条中单击"倒圆角"按钮，输入圆角半径的值为 20.00，如图 1-1-49 所示，单击"确定"按钮，完成倒圆角操作。

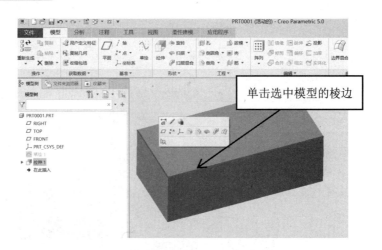

图 1-1-48 单击选中模型的棱边

图 1-1-49 输入圆角半径的值为 20.00

2. 完全圆角

在"模型"选项卡中单击"工程"组中的"倒圆角"按钮，弹出"倒圆角"选项卡，单击其中的"集"选项卡，单击选中"面 1"，按住 Ctrl 键，依次单击选中"面 2"和"面 3"，完成完全圆角操作，如图 1-1-50 所示。

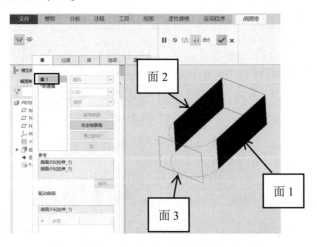

图 1-1-50 完全圆角

3．可变圆角

可变圆角的操作方法与一般圆角的操作方法大致相同，不同之处在于可以在棱边的不同位置添加不同的半径。具体操作：在"集"选项卡中的"半径"选区，右击空白处，弹出工具条，选择"添加半径"选项，根据要求多次添加，输入半径值和位置值，控制可变圆角形状。完成可变圆角后的图形如图 1-1-51 所示。

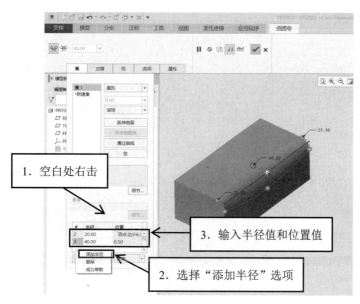

图 1-1-51　完成可变圆角后的图形

21．完成建模

单击"模型树"选项卡中的"小平面特征 标识40"选项，在弹出的浮动工具条中单击"隐藏"按钮。图 1-1-52 所示为隐藏小平面的操作步骤。最后得到的逆向建模的效果图如图 1-1-53 所示。

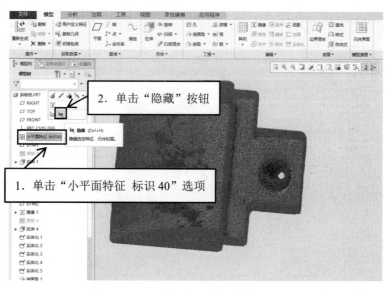

图 1-1-52　隐藏小平面的操作步骤

22. 保存为 STL 文件

单击"文件"按钮打开下拉列表，单击"另存为"选项，进入另存界面的操作步骤如图 1-1-54 所示。在弹出的"保存副本"对话框中，打开"类型"下拉列表，选择文件保存类型为"*.stl"的选项，勾选"自定义导出"复选框，然后单击"确定"按钮。图 1-1-55 所示为选择文件保存类型的操作步骤。

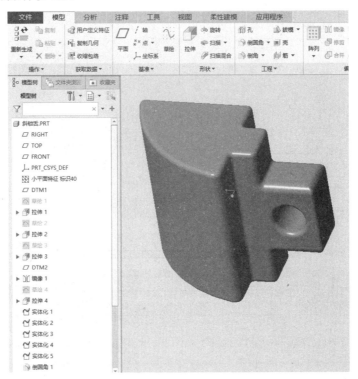

图 1-1-53　逆向建模的效果图

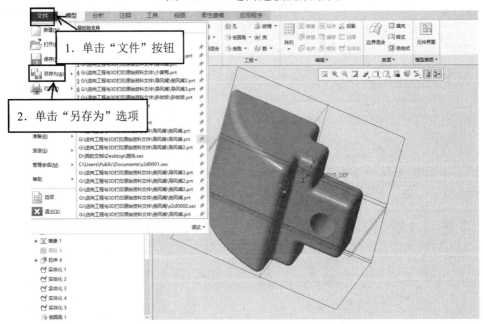

图 1-1-54　进入另存界面的操作步骤

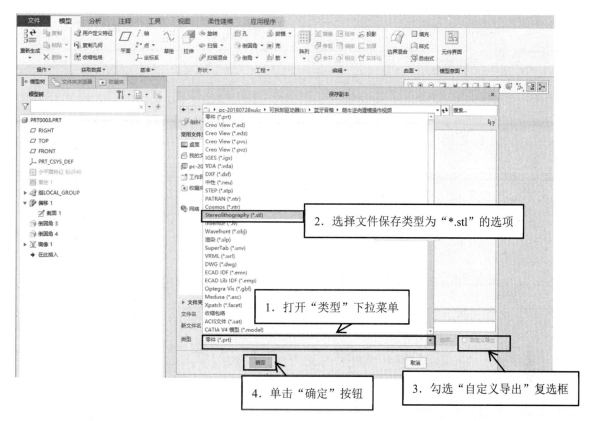

图 1-1-55　选择文件保存类型的操作步骤

弹出"导出 STL"对话框后，在"弦高"数值框中输入 0.01，单击"确定"按钮，图 1-1-56所示为完成文件保存的操作步骤。

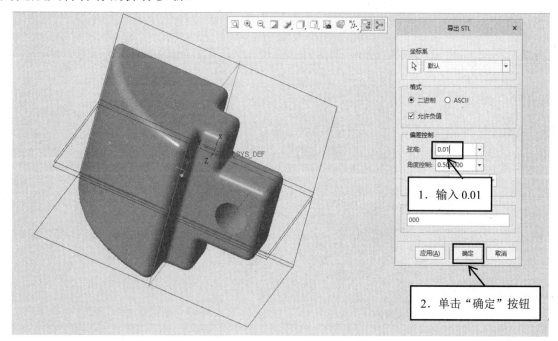

图 1-1-56　完成文件保存的操作步骤

逆向建模任务评价表

序号	检测项目	配分	评分标准	自评	组评	师评
1	整体特征	10	是否完整			
2	舌特征	20	是否有该特征			
3	肋特征	20	是否有该特征			
4	孔特征	10	是否有该特征			
5	倒圆角	10	是否有该特征			
6	文件导出	10	导出文件弦高设置是否正确			
7	与原模型匹配程度	10	根据逆向建模匹配程度酌情评分			
8	其他	10	根据是否出现其他问题酌情评分			
9	合计					
互评学生姓名						

任务二　3D 打印

1. 导入文件

切片操作视频

双击切片软件图标启动该软件，切片软件界面如图 1-2-1 所示，单击"载入"按钮，弹出如图 1-2-2 所示的"导入 Gcode 文件"对话框，选择上一步导出的"斜锁舌.stl"文件，单击"打开"按钮，导入后的斜锁舌零件摆放图如图 1-2-3 所示。

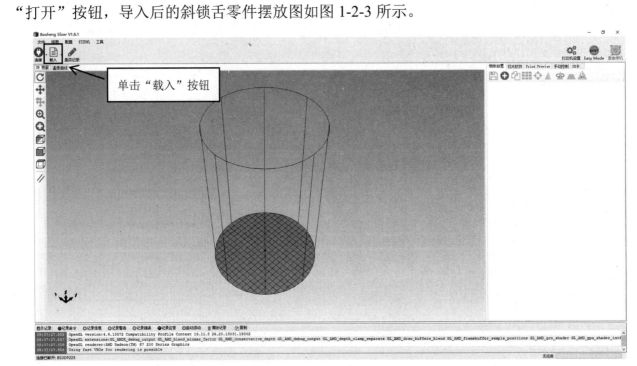

图 1-2-1　切片软件界面

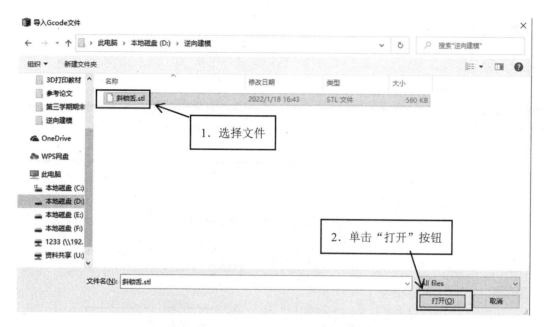

图 1-2-2　"导入 Gcode 文件"对话框

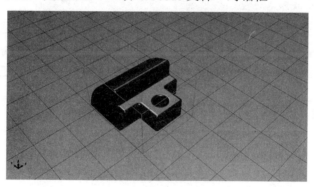

图 1-2-3　导入后的斜锁舌零件摆放图

2．摆正模型

图 1-2-4 所示为旋转模型，单击"旋转"按钮，在打开的对话框中，输入 Y 的值为 90，模型摆正后的效果图如图 1-2-5 所示。

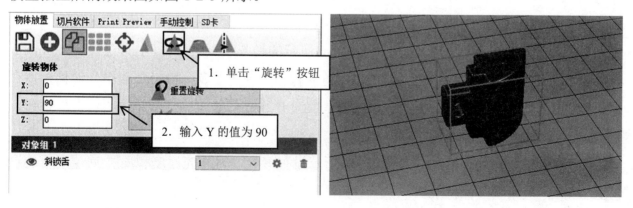

图 1-2-4　旋转模型　　　　　　　　　　　图 1-2-5　模型摆正后的效果图

📖 **知识加油站**

模型摆放原则：

（1）一般选择模型中的平面作为底面。

（2）模型摆放时，如果模型有曲面，尽量使曲面垂直于成型平面（见图1-2-5），否则会影响曲面的打印质量。

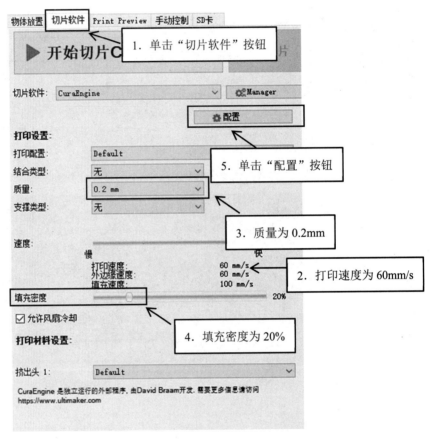

图1-2-6　切片设置对话框

3. 切片软件设置

（1）单击"切片软件"按钮，弹出如图1-2-6所示的切片设置对话框，打印速度为60mm/s，质量为0.2mm，填充密度为20%。单击"配置"按钮，弹出"CuraEngine设定"对话框，在该对话框中，速度参数保持默认并输入质量参数为0.2mm，设置完成后单击"保存"按钮，将参数保存。速度和质量设置如图1-2-7所示。

（2）单击"结构"选项卡，如图1-2-8所示设置参数，将外壳厚度和顶层/底层厚度均设置为1.2mm，其余参数保持默认。

 思考问题：模型的摆放要注意什么？

图 1-2-7　速度和质量设置

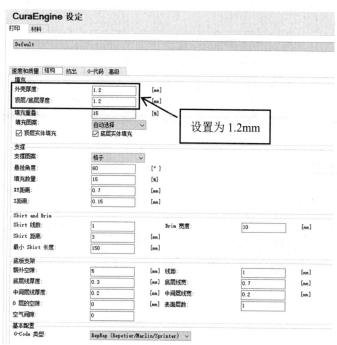

图 1-2-8　设置参数

 技能加油站

加工前操作的注意事项如下。

（1）在开启成型机后一定要先等熔腔、喷嘴温度升高到额定数值后再进行下一阶段的加工操作，切忌急于求成，否则会导致熔腔内的屯料过多，从而造成丝料无法挤出。

（2）加工前应清洁成型台，去除之前成型过程中遗留下来的废料、碎屑等，同时为了使成型台光滑平整，可在其上固定玻璃板、白卡纸等光滑平面。

（3）检查进料器处的风扇是否正常工作，此处风扇的主要作用是为贴近进料口的固态丝料降温，若风扇没有正常工作，则会导致丝料打结、弯曲以致堵塞进料器，这种状况下应及时对风扇进行维修，否则会严重影响后续的加工成型。

4．切片导出

单击"开始切片"按钮进行切片，切片完成后，单击"保存"按钮，将切片数据导出到SD卡中，文件保存类型为 GCode，然后将 SD 卡插进 3D 打印机进行打印。

3D 打印任务评价表

序号	检测项目	配分	评分标准	自评	组评	师评
1	打印操作	15	是否进行调平（10）			
			操作是否规范（5）			
2	模型底部	10	模型底部是否平整			

续表

序号	检测项目	配分	评分标准	自评	组评	师评
3	整体外观	10	外观是否光顺无断层			
4	舌特征	15	舌特征是否残缺			
5	肋特征	10	肋特征是否残缺			
6	孔特征	10	孔特征是否残缺			
7	支撑处理	10	支撑是否去除干净、无毛刺			
8	尺寸检测	10	打印模型的尺寸与原模型尺寸越接近，分数越高			
9	其他	10	根据是否出现其他问题酌情评分			
10			合计			
互评学生姓名						

 项目拓展

完成如图 1-2-9 所示拨片的逆向建模与 3D 打印。

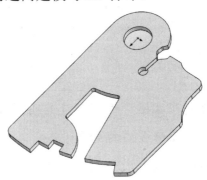

图 1-2-9 拨片

项目二

拨块逆向建模与 3D 打印

项目描述 ···•

　　拨块是机械锁中的一个力矩转换零件，它将锁把手的旋转运动转换为斜锁舌的前后运动，由锌合金压铸而成。拨块的回转特征较多，适合使用旋转命令完成建模。

项目目标 ···•

　　1. 学会草图诊断。

　　2. 掌握旋转命令。

　　3. 掌握该零件的 3D 打印成型方法。

项目完成效果图 ···•

　　完成后的拨块效果图如图 2-1-1 所示。

图 2-1-1　完成后的拨块效果图

项目实施

任务一　逆向建模

逆向建模步骤视频

1．启动 Creo 5.0 软件

单击"新建"按钮，在"文件名"文本框中输入"拨块"并取消勾选"使用默认模板"复选框。

2．选择模板

在"模板"选区中，选择"mmns_part_solid"模板，单击"确定"按钮。

3．获取数据

打开"获取数据"下拉列表，从中选择"导入"选项。

4．导入文件

在"类型"下拉列表中，选择"所有文件"选项，选择"bokuai.stl"文件，单击"导入"按钮。

5．进入小平面编辑环境

单击"进入小平面编辑环境"按钮，再单击"确定"按钮，进入小平面编辑环境。

6．分样并精简小平面

单击"分样"按钮，在弹出的"分样"对话框中，输入"保持百分比"的数值为 10.000000，单击"确定"按钮，小平面数量精简约 4 万个。分样的操作步骤如图 2-1-2 所示。

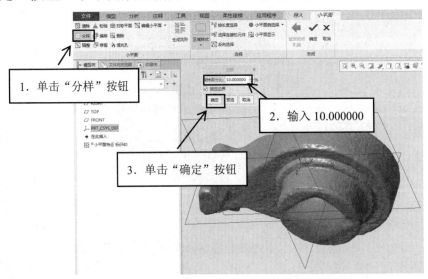

图 2-1-2　分样的操作步骤

7．生成流形

单击"小平面"选项卡中的"生成流形"按钮，在弹出的"生成流形"对话框中单击"确定"按钮，再次单击"小平面"选项卡中的"确定"按钮。生成流形的操作步骤如图 2-1-3 所示。

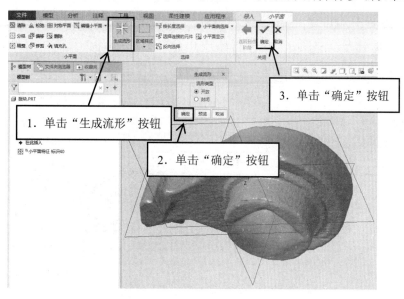

图 2-1-3　生成流形的操作步骤

8．摆正视图

单击选中"TOP"平面，在弹出的浮动工具条中单击"视图法向"按钮，如图 2-1-4 所示。视图摆正后的效果如图 2-1-5 所示。

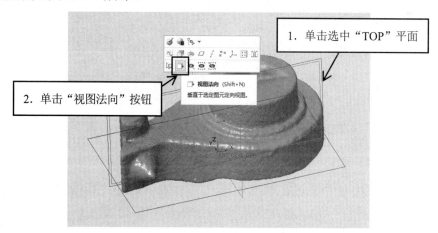

图 2-1-4　单击"视图法向"按钮

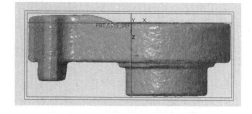

图 2-1-5　视图摆正后的效果

9. 创建 DTM1 基准平面

在"模型"选项卡中单击"基准"组中的"平面"按钮，单击选中"FRONT"平面，弹出"基准平面"对话框，如图 2-1-6 所示。按住鼠标左键将控制基准平面平移距离的小圆点向上拖动至与扫描模型上表面平齐的位置，单击"确定"按钮，完成 DTM1 基准平面的创建，图 2-1-7 所示为调整基准平面平移距离的操作步骤。

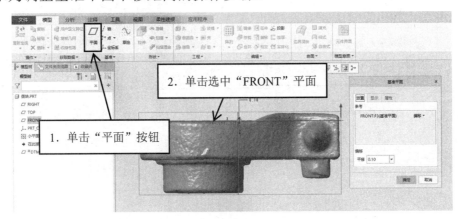

图 2-1-6 "基准平面"对话框

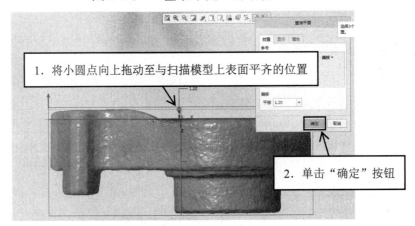

图 2-1-7 调整基准平面平移距离的操作步骤

10. 绘制拨块主体草图

单击选中"DTM1"基准平面，在弹出的浮动工具条中单击"草绘"按钮，进入草绘界面，图 2-1-8 所示为选择草绘平面的操作步骤。根据扫描数据，勾画主体轮廓草图，单击"确定"按钮，完成草图绘制，主体草图如图 2-1-9 所示。

★**技巧提示**：在绘制较复杂的草绘截面时，每当绘制完一个确定的图元，可以通过锁定命令锁定这个图元的尺寸，使其大小不被系统自动删除或修改。具体操作：选中这个尺寸后右击，在弹出的浮动工具条中单击"锁定"按钮，即可锁定这个尺寸。

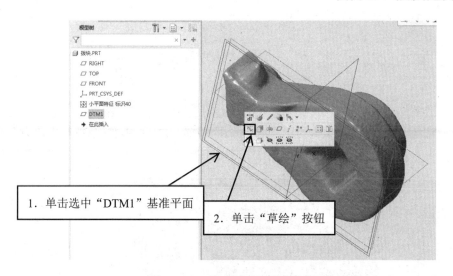

图 2-1-8　选择草绘平面的操作步骤

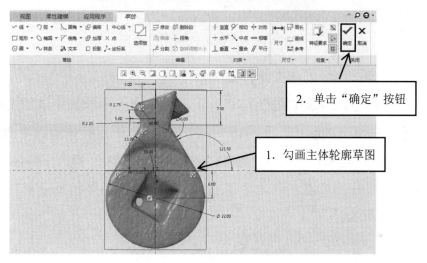

图 2-1-9　主体草图

 技能加油站

"着色封闭环"命令是指用预定义的颜色对图元中封闭的区域进行填充，非封闭的区域则无变化。

"着色封闭环"命令的使用方法如下。

（1）启用着色封闭环：在"草绘"选项卡中单击"检查"组中的"着色封闭环"按钮，使其处于压下状态，系统自行对封闭的线框进行着色，启用着色封闭环的操作步骤如图 2-1-10 所示。

（2）关闭着色封闭环：再次单击"着色封闭环"按钮，使其处于弹起状态，即着色封闭环被关闭，封闭的线框不再着色，关闭着色封闭环的操作步骤如图 2-1-11 所示。

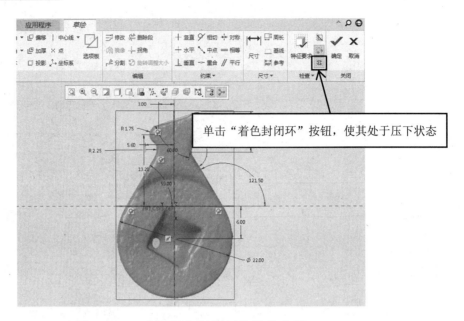

单击"着色封闭环"按钮，使其处于压下状态

图 2-1-10　启用着色封闭环的操作步骤

11．使用"拉伸"命令创建主体特征

创建拉伸特征的操作步骤如图 2-1-12 所示，选中上一步绘制完成的主体草图"草绘 1"，在"模型"选项卡中单击"形状"组中的"拉伸"按钮。进入拉伸编辑界面后，单击"拉伸为曲面"按钮，再单击"选项"选项卡，勾选"封闭端"复选框，拖动控制拉伸深度的小圆点至与扫描模型上表面平齐的位置，单击"确定"按钮，完成主体特征的拉伸，主体特征拉伸后的效果如图 2-1-13 所示。

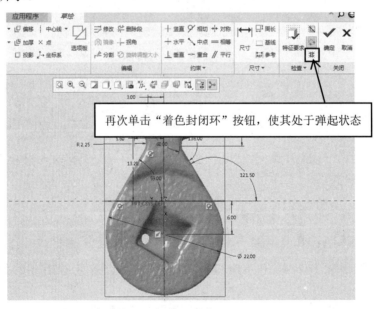

再次单击"着色封闭环"按钮，使其处于弹起状态

图 2-1-11　关闭着色封闭环的操作步骤

12．创建基准轴

创建基准轴的操作步骤如图 2-1-14 所示，在"模型"选项卡中单击"基准"组中的"轴"

按钮，弹出"基准轴"对话框后，选中图 2-1-14 所示的曲面，单击"确定"按钮，完成基准轴的创建。

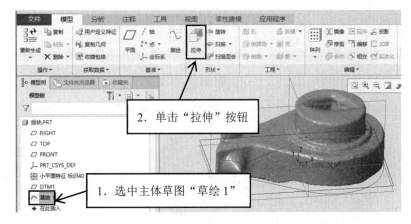

图 2-1-12　创建拉伸特征的操作步骤

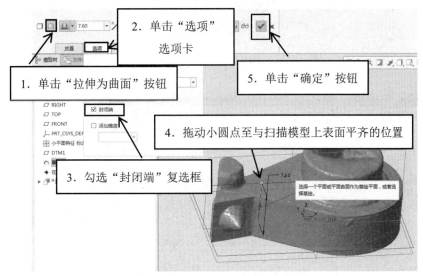

图 2-1-13　主体特征拉伸后的效果

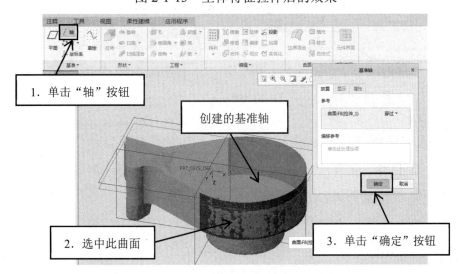

图 2-1-14　创建基准轴的操作步骤

13．使用"旋转"命令创建旋转曲面

以"TOP"平面为草绘平面，进入草绘界面后，单击图形工具条中的"修剪模型"按钮，使用"草绘"组中的"中心线"及"线"命令分别绘制旋转中心线及草图，单击"确定"按钮完成草图绘制。图 2-1-15 所示为绘制草图的操作步骤。

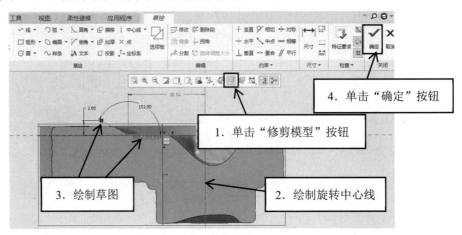

图 2-1-15　绘制草图的操作步骤

选中上一步完成的草图"草绘 2"，在"模型"选项卡中单击"形状"组中的"旋转"按钮，弹出"旋转"对话框后单击"确定"按钮，完成旋转曲面的创建。图 2-1-16 所示为创建旋转曲面的操作步骤。

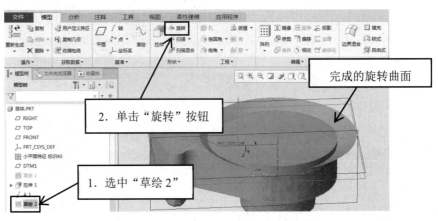

图 2-1-16　创建旋转曲面的操作步骤

★技巧提示：在草绘平面过程中，若遇到草绘平面被模型特征挡住而影响草图的绘制的情况，可以通过单击"修剪模型"图标，将位于活动草绘平面前的几何模型特征隐藏，这时系统显示的就是当前草绘平面的模型特征。

技能加油站

用户在创建旋转曲面的截面草图时，必须利用"几何中心线"命令手动绘制旋转轴。如

果用户在绘制截面草图时绘制一条几何中心线，系统会默认此几何中心线就是创建的旋转曲面的旋转轴，如图 2-1-17 所示；如果用户在绘制截面草图时绘制两条及两条以上的几何中心线，系统会将用户绘制的第一条几何中心线作为旋转轴。此外，用户也可以手动指定（右击要指定为旋转轴的几何中心线，然后选择"旋转轴"命令）所创建旋转曲面的旋转轴。

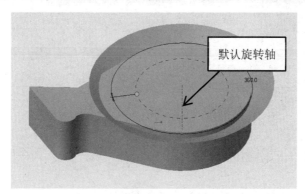

图 2-1-17　旋转曲面的旋转轴

14. 使用"拉伸"命令创建两圆柱凸台特征

选中主体特征的上表面，在弹出的浮动工具条中单击"草绘"按钮，进入草绘界面。图 2-1-18 所示为选择草绘平面的操作步骤。

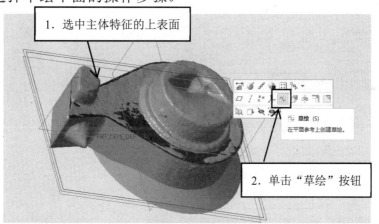

图 2-1-18　选择草绘平面的操作步骤

根据扫描数据，绘制圆柱凸台轮廓并单击"确定"按钮，绘制完成后的圆柱凸台 1 草图如图 2-1-19 所示。

如图 2-1-20 所示创建拉伸特征，选中绘制完成的圆柱凸台 1 草图"草绘 3"，在"模型"选项卡中单击"形状"组中的"拉伸"按钮。进入拉伸编辑界面后，单击"拉伸为曲面"按钮，选择"选项"选项卡，勾选"封闭端"复选框，调整箭头方向使其朝上，在"拉伸深度"数值框中输入 1.00，单击"确定"按钮完成圆柱凸台 1 的曲面拉伸，圆柱凸台 1 的拉伸效果如图 2-1-21 所示。

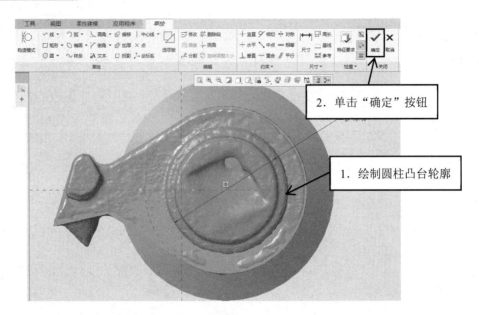

图 2-1-19　绘制完成后的圆柱凸台 1 草图

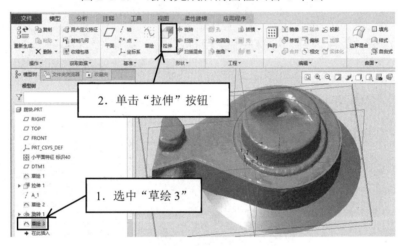

图 2-1-20　创建拉伸特征

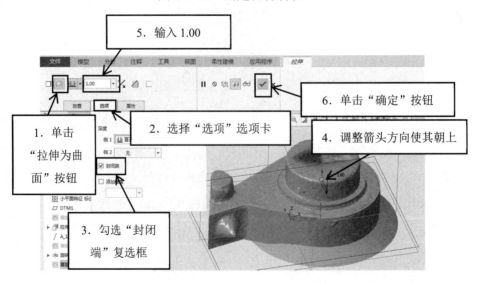

图 2-1-21　圆柱凸台 1 的拉伸效果

重复前述操作，选择圆柱凸台1的上表面作为草绘平面，绘制圆柱凸台2草图，如图2-1-22所示。

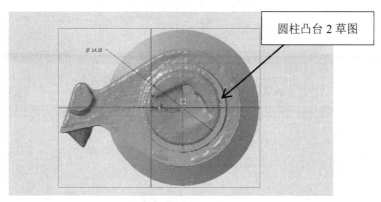

图2-1-22　圆柱凸台2草图

选中绘制完成的圆柱凸台2草图，使用"拉伸"命令进入拉伸编辑界面后，单击"拉伸为曲面"按钮，选择"选项"选项卡，勾选"封闭端"复选框，调整箭头方向使其朝上，拖动控制拉伸深度的小圆点至与扫描模型上表面平齐的位置，单击"确定"按钮完成圆柱凸台2的曲面拉伸，圆柱凸台2的拉伸效果如图2-1-23所示。

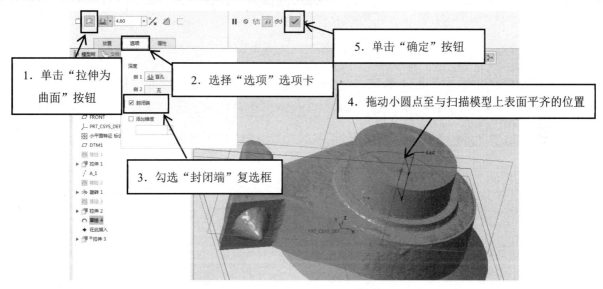

图2-1-23　圆柱凸台2的拉伸效果

15．使用"拉伸"命令创建方孔特征

单击选中圆柱凸台2的上表面，在弹出的浮动工具条中单击"草绘"按钮，进入草绘界面，如图2-1-24所示。

在草绘界面中，打开"草绘"组中"矩形"的下拉列表，选择"斜矩形"选项，绘制如图2-1-25所示的方孔草图，注意斜矩形的对称中心要与圆柱凸台的圆心重合，绘制完成后单击"确定"按钮。

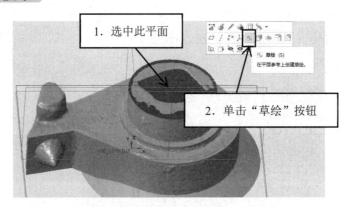

图 2-1-24　草绘界面

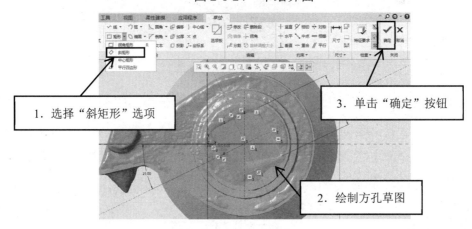

图 2-1-25　方孔草图

在"模型"选项卡中单击"形状"组中的"拉伸"按钮，进入拉伸编辑界面后，单击"拉伸为曲面"按钮，打开"拉伸类型"下拉列表，选择"双侧拉伸"选项，调整拉伸深度至穿过扫描模型上下表面，单击"确定"按钮完成方孔特征的曲面拉伸，方孔特征的拉伸效果如图 2-1-26 所示。

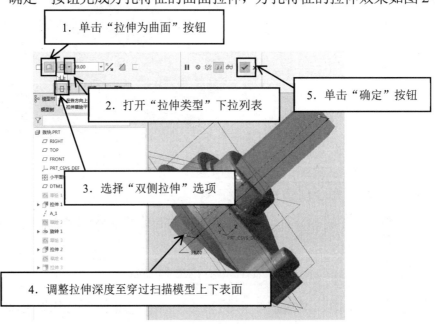

图 2-1-26　方孔特征的拉伸效果

16. 使用"拉伸"命令创建小凸台特征

选中主体特征的上表面，在弹出的浮动工具条中单击"草绘"按钮，进入草绘界面。图 2-1-27 所示为选择草绘平面的操作步骤。

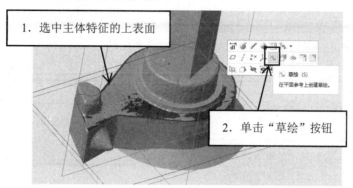

图 2-1-27　选择草绘平面的操作步骤

根据扫描数据，勾画小凸台轮廓并单击"确定"按钮，绘制完成后的小凸台草图如图 2-1-28 所示。

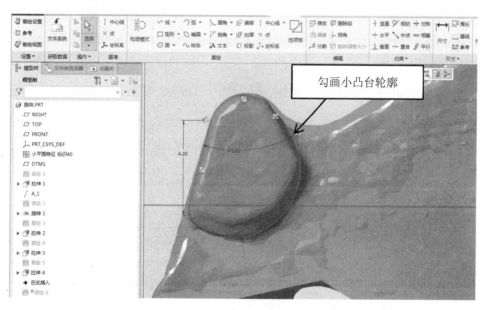

图 2-1-28　绘制完成后的小凸台草图

★ **技巧提示**：在绘制草图时，当将要绘制的草图边界与已有的模型特征边界要求轮廓一致时，可以使用"草绘"组中的"投影"工具，将已有的模型特征边界轮廓投影到当前草绘平面，作为草绘的图元使用。

技能加油站

"加亮开放端点"命令用于检查图元中所有开放的端点并将其加亮。

（1）启用"加亮开放端点"工具。在"草绘"选项卡中单击"检查"组中的"加亮开放端点"按钮，使其处于压下状态，系统将自动加亮草图中的开放端点如图 2-1-29 所示。

（2）关闭"加亮开放端点"工具。再次单击"加亮开放端点"按钮，使其处于弹起状态，即可关闭草图中开放端点的加亮如图 2-1-30 所示。

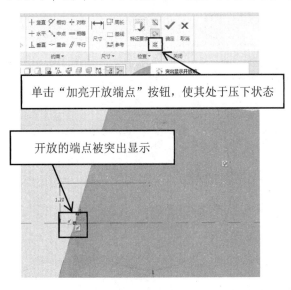

图 2-1-29　系统自动加亮草图中的开放端点

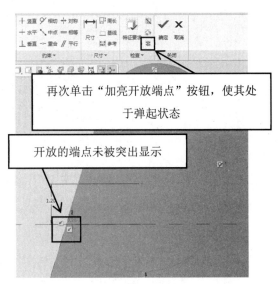

图 2-1-30　关闭草图中开放端点的加亮

在"模型"选项卡中单击"形状"组中的"拉伸"按钮，进入拉伸编辑界面后，单击"拉伸为曲面"按钮，选择"选项"选项卡，勾选"封闭端"复选框，拖动控制拉伸深度的小圆点至与扫描模型的小凸台上表面平齐的位置，单击"确定"按钮，完成小凸台特征的创建，小凸台的拉伸效果如图 2-1-31 所示。

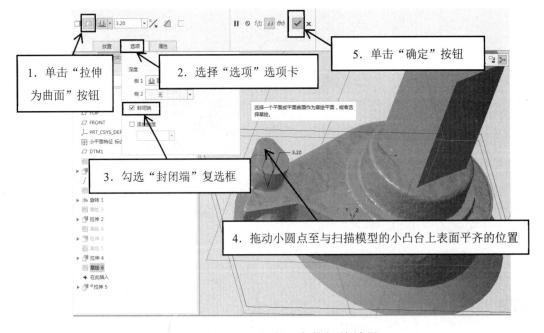

图 2-1-31　小凸台的拉伸效果

17．创建DTM2基准平面

在"模型"选项卡中单击"基准"组中的"平面"按钮，按住Ctrl键的同时选中主体特征的上、下两个表面，单击"确定"按钮，完成DTM2基准平面的创建。图2-1-32所示为创建DTM2基准平面的操作步骤。

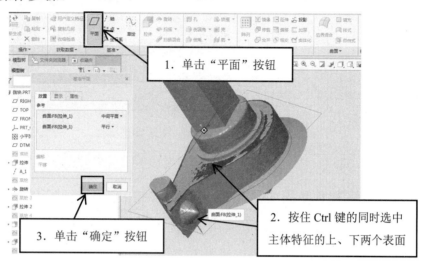

图2-1-32　创建DTM2基准平面的操作步骤

18．使用"旋转"命令创建锥体特征

选中"DTM2"基准平面为草绘平面，进入草绘界面，根据扫描数据，绘制锥体半边轮廓，并绘制旋转中心线，绘制完成后的锥体轮廓草图如图2-1-33所示。

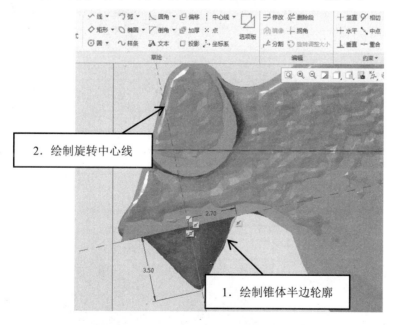

图2-1-33　绘制完成后的锥体轮廓草图

在"模型"选项卡中单击"形状"组中的"旋转"按钮，选中完成的锥体轮廓草图并单击"确定"按钮，完成锥体旋转特征的创建。图2-1-34所示为锥体的旋转特征效果。

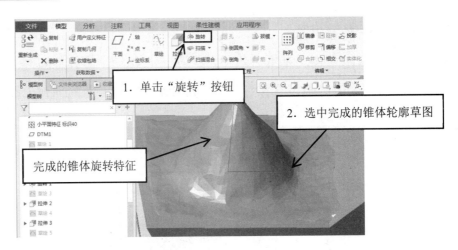

图 2-1-34　锥体的旋转特征效果

19．实体化

主体特征实体化的操作步骤如图 2-1-35 所示，选中主体特征的任意位置，在"模型"选项卡中单击"编辑"组中的"实体化"按钮。进入实体化编辑界面后，单击"确定"按钮，完成后的主体特征的实体化效果如图 2-1-36 所示。

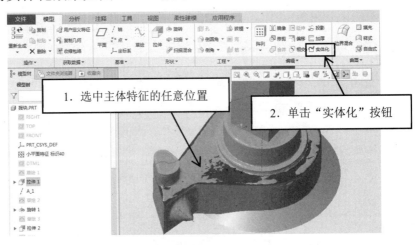

图 2-1-35　主体特征实体化的操作步骤

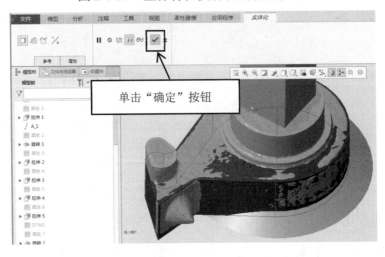

图 2-1-36　完成后的主体特征的实体化效果

两圆柱凸台特征实体化的操作和前面相同，分别对两圆柱凸台特征进行实体化，图 2-1-37 所示为圆柱凸台 1 的实体化，图 2-1-38 所示为圆柱凸台 2 的实体化。

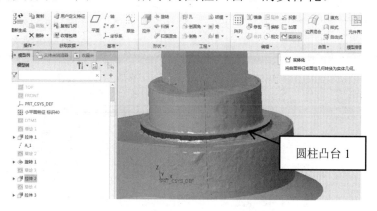

图 2-1-37　圆柱凸台 1 的实体化

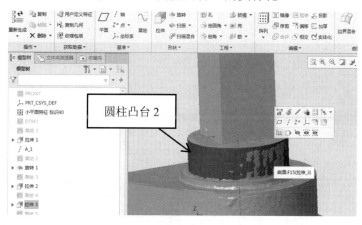

图 2-1-38　圆柱凸台 2 的实体化

方孔特征实体化的操作步骤如图 2-1-39 所示，选中方孔曲面特征的任意位置，单击"实体化"按钮。进入实体化编辑界面后，单击"移除材料"按钮后，单击"确定"按钮，完成后的方孔特征的实体化效果如图 2-1-40 所示。

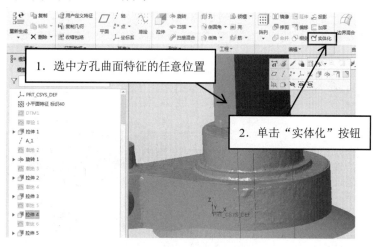

图 2-1-39　方孔特征实体化的操作步骤

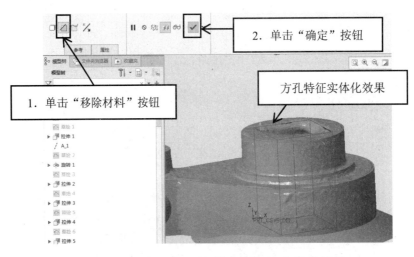

图 2-1-40　完成后的方孔特征的实体化效果

底部特征实体化的操作步骤如图 2-1-41 所示，选中底部旋转曲面的任意位置，单击"实体化"按钮。进入实体化编辑界面后，单击"移除材料"按钮后，单击"确定"按钮，完成后的底部特征的实体化效果如图 2-1-42 所示。

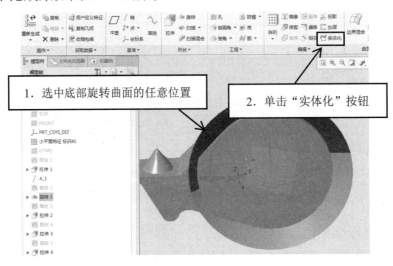

图 2-1-41　底部特征实体化的操作步骤

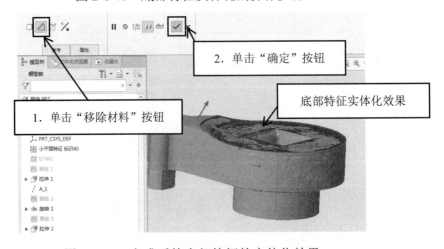

图 2-1-42　完成后的底部特征的实体化效果

小凸台特征实体化的操作步骤如图 2-1-43 所示，选中小凸台曲面的任意位置，单击"实体化"按钮。进入实体化编辑界面后，单击"实体填充"按钮后，单击"确定"按钮，完成后的小凸台特征的实体化效果如图 2-1-44 所示。

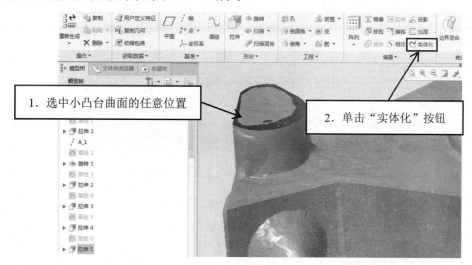

图 2-1-43　小凸台特征实体化的操作步骤

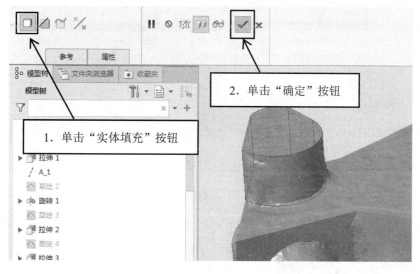

图 2-1-44　完成后的小凸台特征的实体化效果

锥体特征实体化的操作步骤如图 2-1-45 所示，选中圆锥体曲面的任意位置，单击"实体化"按钮。进入实体化编辑界面后，单击"实体填充"按钮后，单击"确定"按钮，完成后的锥体特征的实体化效果如图 2-1-46 所示。

20．倒圆角

隐藏小平面特征，选中拨块主体部分上表面的边与两条棱边进行倒圆角操作，两条棱边的圆角半径分别为 0.2 和 2，上表面周边的圆角半径为 0.8，图 2-1-47 所示为主体边倒圆角后的图形。

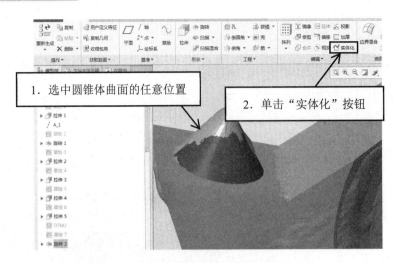

图 2-1-45　锥体特征实体化的操作步骤

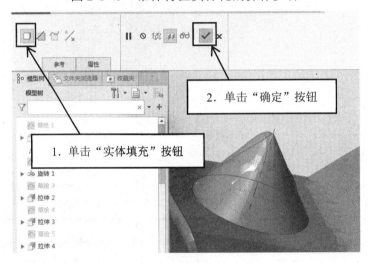

图 2-1-46　完成后的锥体特征的实体化效果

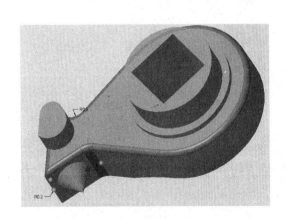

图 2-1-47　主体边倒圆角后的图形

重复倒圆角操作，选中小凸台的棱边与上、下表面的边进行倒圆角，棱边的圆角半径为 1.5，上表面的边的圆角半径为 0.5，下表面的边的圆角半径为 0.3。以同样的操作方法对两圆柱凸台的上、下表面的边进行倒圆角，圆角半径均为 0.5，完成凸台倒圆角后的效果如图 2-1-48 所示。

重复倒圆角操作，选中主体下表面的边及旋转切割处的边进行倒圆角，主体下表面的边的圆角半径为 0.5，旋转切割处的边的圆角半径为 2。以同样的操作方法对方孔的上、下周边及四条棱边进行倒圆角，圆角半径均为 0.5，完成主体底部及方孔倒圆角后的效果如图 2-1-49 所示。

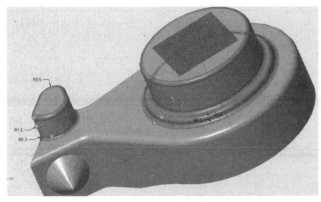

图 2-1-48 完成凸台倒圆角后的效果

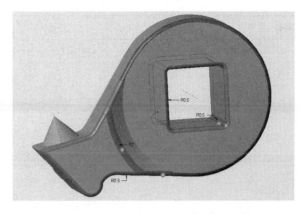

图 2-1-49 完成主体底部及方孔倒圆角后的效果

21. 保存为 STL 文件

参照项目一中文件保存的操作，将文件另存为"拨块.stl"，将弦高设置为 0.01，然后单击"确定"按钮。图 2-1-50 所示为设置弦高的操作步骤。

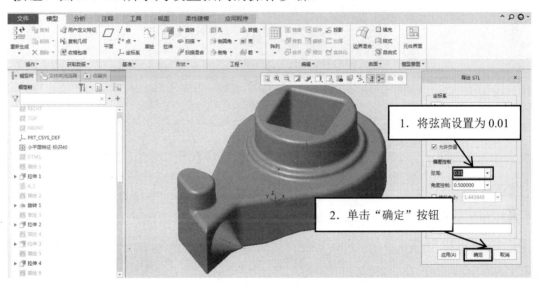

图 2-1-50 设置弦高的操作步骤

逆向建模任务评价表

序号	检测项目	配分	评分标准	自评	组评	师评
1	主体特征	15	是否有该特征			
2	旋转切割特征	10	是否有该特征			
3	两圆柱凸台特征	15	是否有该特征			
4	小凸台特征	15	是否有该特征			
5	锥体特征	10	是否有该特征			
6	方孔特征	15	是否有该特征			
7	文件导出	5	导出文件弦高设置是否正确			
8	与原模型匹配程度	10	根据逆向建模匹配程度酌情评分			

续表

序号	检测项目	配分	评分标准	自评	组评	师评
9	其他	5	根据是否出现其他问题酌情评分			
10	合计					
	互评学生姓名					

任务二　3D打印

1. 导入文件

切片操作视频

双击切片软件图标启动该软件，单击"载入"按钮，选择上一步导出的"拨块.stl"文件并单击"打开"按钮，导入后的拨块摆放图如图 2-2-1 所示。

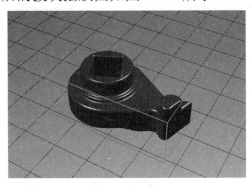

图 2-2-1　导入后的拨块摆放图

2. 摆正模型

如图 2-2-2 所示旋转并放平模型，单击"旋转"按钮旋转物体，并在弹出的对话框中，单击"放平"按钮将模型摆正，模型摆正后的效果如图 2-2-3 所示。

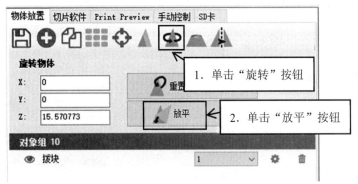

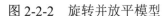

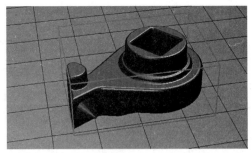

图 2-2-2　旋转并放平模型　　　　　　　　图 2-2-3　模型摆正后的效果

📖 **知识加油站**

模型摆放原则：

模型摆放时，如果目测模型底面与平台底面处于贴合状态，最好单击一下"放平"按钮，以使软件自动将模型底面与平台底面紧密贴合。

3．切片软件设置

单击"切片软件"按钮，输入打印速度为60～70mm/s，质量为0.2mm，填充密度为20%。单击"配置"按钮，设置速度参数保持默认并输入质量参数为0.2mm，设置完成后单击"保存"按钮，将参数保存。

单击"结构"按钮设置相关参数，输入外壳厚度为1.2mm，顶层/底层厚度为1.2mm，其余参数保持默认。

 技能加油站

1．打印速度

打印时间并不是与速度成直接正比例的，速度超过90mm/s时，打印时间并不会节省很多，打印反而很容易出现质量问题，一般而言，60mm/s是一个比较好的速度。打印第一层时速度可以稍微降低一些，比如设置为40mm/s，使打印的材料更好地黏在成型平台上，有利于提高打印的成功率。

2．层高设置

设置的层高一定要比喷嘴的直径小，一般来说，层高比喷嘴直径小20%。层高的设置会影响模型打印时间与打印层数，层高设置得越高，打印出来的每一层越厚，打印出的模型表面精度越低，打印时间越短；层高设置得越矮，模型打印的层数越多，耗时越久，打印出的模型表面精度越高，因此切记要依据模型的大小合理设置层高。

4．切片导出

单击"开始切片"按钮进行切片，切片完成后，单击"保存"按钮，将切片数据导出到SD卡中，文件保存类型为GCode，然后将SD卡插进3D打印机进行打印。

3D打印任务评价表

序号	检测项目	配分	评分标准	自评	组评	师评
1	打印操作	10	是否进行调平（5）			
			操作是否规范（5）			
2	模型底部	10	模型底部是否平整			
3	整体外观	10	外观是否光顺无断层、无溢料			
4	主体拉伸特征	15	主体拉伸特征是否残缺			
5	圆锥曲面特征	10	圆锥曲面特征是否残缺			
6	凸台特征	10	凸台特征是否残缺			

续表

序号	检测项目	配分	评分标准	自评	组评	师评
7	顶层填充	10	顶层是否出现空洞、缝隙			
8	支撑处理	10	支撑是否去除干净、无毛刺			
9	尺寸检测	5	打印模型的尺寸与原模型的尺寸越接近，分数越高			
10	其他	10	根据是否出现其他问题酌情评分			
11			合计			
	互评学生姓名					

项目拓展

完成如图 2-2-4 所示锁环的逆向建模与 3D 打印。

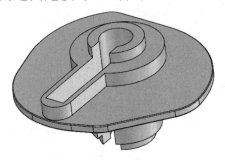

图 2-2-4　锁环

项目三
方锁舌逆向建模与 3D 打印

项目描述

方锁舌是机械锁中用于实现反锁功能的机构零件，由锌合金压铸而成。该零件的外形特征相对复杂，圆角、沟槽等细节特征较多，各个特征的建模先后顺序尤为重要。

项目目标

1. 理解草图约束功能。
2. 熟练掌握常用基准特征建立方法。
3. 初步掌握多边圆角处理技巧。
4. 掌握该零件的 3D 打印成型方法。

项目完成效果图

完成后的方锁舌效果图如图 3-1-1 所示。

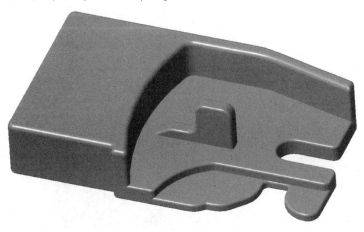

图 3-1-1　完成后的方锁舌效果图

项目实施

任务一　逆向建模

逆向建模步骤视频

1．启动 Creo 5.0 软件

单击"新建"按钮，在"文件名"文本框中输入"方锁舌"，取消勾选"使用默认模板"复选框。

2．选择模板

在模板配置选项组中，选择"mmns_part_solid"模板，单击"确定"按钮。

3．导入数据

打开"获取数据"下拉列表，从中选择"导入"选项。

4．导入文件

在"类型"下拉列表中，选择"所有文件"选项，选择"fangsuoshe.stl"文件，单击"导入"按钮。

5．编辑小平面

单击"进入小平面编辑环境"按钮，再单击"确定"按钮，进入小平面编辑环境。

6．分样精简小平面

单击"分样"按钮，在弹出的"分样"对话框中，输入"保持百分比"的数值为 10.000000，单击"确定"按钮，小平面数量精简约 4 万个。分样的操作步骤如图 3-1-2 所示。

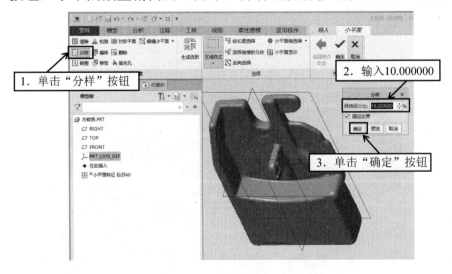

图 3-1-2　分样的操作步骤

7．小平面编辑

单击"生成流形"按钮，在弹出的"生成流形"对话框中，选中"开放"单选按钮，单击"确定"按钮，并单击"小平面"选项卡中的"确定"按钮，完成小平面编辑。

8．导入模型

单击"导入"界面的"确定"按钮，完成模型导入。

9．绘制主体特征草图

在"模型"选项卡中单击"基准"组中的"草绘"按钮，弹出"草绘"对话框，选中"FRONT"平面并单击"草绘"按钮。绘制主体特征草图的操作步骤如图 3-1-3 所示。

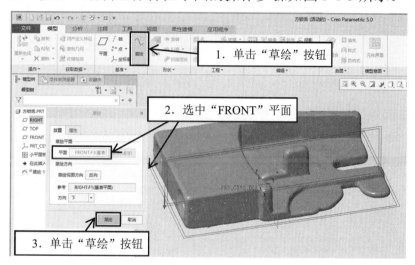

图 3-1-3 绘制主体特征草图的操作步骤

单击图形工具条上的"草绘视图"按钮，摆正视图，如图 3-1-4 所示。

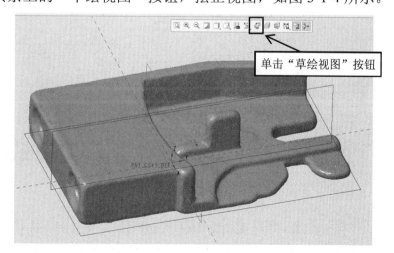

图 3-1-4 摆正视图

根据扫描数据，应用"线链""弧"工具沿着模型轮廓绘制图形（轮廓的尺寸数值尽量取整数或者小数点后两位），绘制完成的草图如图 3-1-5 所示。

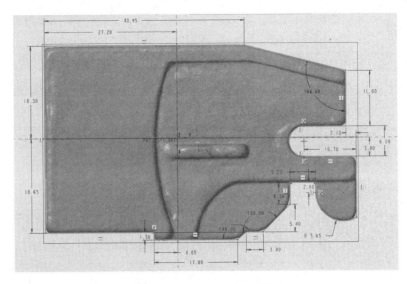

图 3-1-5 绘制完成的草图

★ **技巧提示**：沿着模型轮廓绘制图线并标注尺寸时，可将相关尺寸进行锁定，避免在标注、约束其他图线时，使已画好的图线发生移位变形。

10. 使用拉伸命令创建主体特征

在"模型"选项卡中单击"形状"组中的"拉伸"按钮，进入拉伸编辑界面。选取上一步绘制完成的草图，单击"拉伸为曲面"按钮，再单击"选项"选项卡，勾选"封闭端"复选框，在深度数值框中输入数值 11.60，单击"确定"按钮，完成后的拉伸主体特征草图如图 3-1-6 所示。

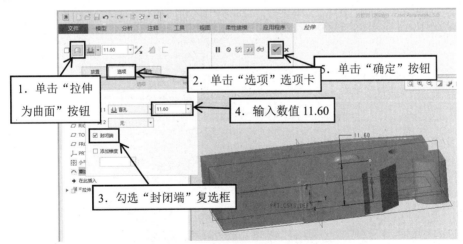

图 3-1-6 完成后的拉伸主体特征草图

11. 隐藏拉伸 1 特征

在"模型树"选项卡中，选中"拉伸 1"特征，在弹出的浮动工具条中单击"隐藏"按钮，图 3-1-7 所示为隐藏"拉伸 1"特征的操作步骤。

12．摆正视图

选中"RIGHT"平面，在弹出的浮动工具条中单击"视图法向"按钮。图 3-1-8 所示为摆正视图的操作步骤。

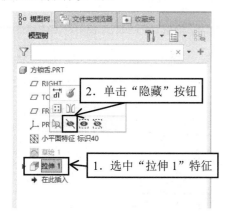

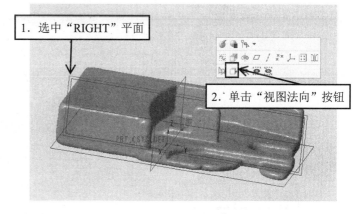

图 3-1-7　隐藏"拉伸 1"特征的操作步骤　　　　图 3-1-8　摆正视图的操作步骤

13．创建 DTM1 基准平面

在"模型"选项卡中单击"基准"组中的"平面"按钮，选中"FRONT"平面，并在弹出的"基准平面"对话框中，在"放置"选项卡的"平移"数值框中输入数值 3.60，然后单击"确定"按钮，完成 DTM1 基准平面的创建。图 3-1-9 所示为创建 DTM1 基准平面的操作步骤。

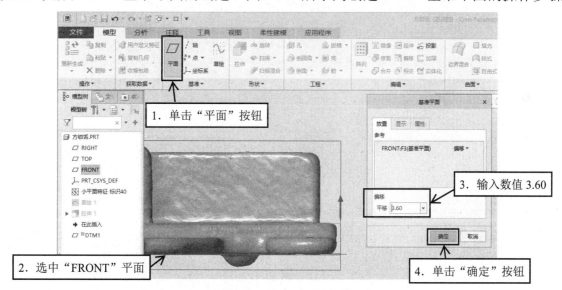

图 3-1-9　创建 DTM1 基准平面的操作步骤

14．创建 DTM2 基准平面

重复上述操作，在"放置"选项卡中的"平移"数值框中输入数值 1.80 后，单击"确定"按钮，完成 DTM2 基准平面的创建。创建 DTM2 基准平面的操作步骤如图 3-1-10 所示。

15．绘制第一层切除特征草图

在"模型"选项卡中单击"基准"组中的"草绘"按钮，弹出"草绘"对话框，选中"DTM1"

基准平面，单击"草绘"按钮，进入草绘界面。应用"线链""弧"工具绘制如图 3-1-11 所示的第一层切除特征草图，单击"确定"按钮，完成草图绘制。

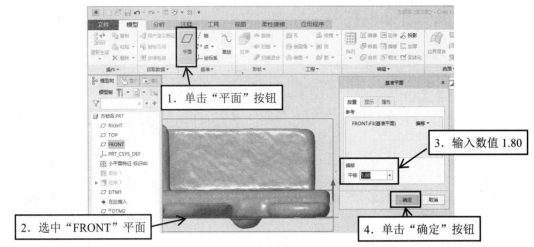

图 3-1-10　创建 DTM2 基准平面的操作步骤

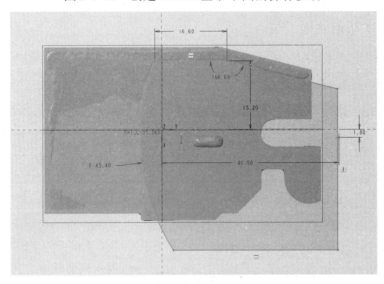

图 3-1-11　第一层切除特征草图

16．使用"拉伸"命令创建第一层切除特征

在"模型"选项卡中单击"形状"组中的"拉伸"按钮，进入拉伸编辑界面。选取上一步绘制完成的草图，首先单击"拉伸为曲面"按钮，然后单击"选项"选项卡，再勾选"封闭端"复选框，最后拖动控制深度的小圆点高出主体特征并单击"确定"按钮，拉伸第一层切除特征后的效果如图 3-1-12 所示。

17．隐藏拉伸 2 特征

重复步骤 11 的操作，隐藏拉伸 2 特征。

18．绘制第二层切除特征草图

在"模型"选项卡中单击"基准"组中的"草绘"按钮，弹出"草绘"对话框，选中"DTM2"

基准平面，单击"草绘"按钮，进入草绘界面。应用"线链""弧"工具，绘制如图 3-1-13 所示的第二层切除特征草图，单击"确定"按钮，完成草图绘制。

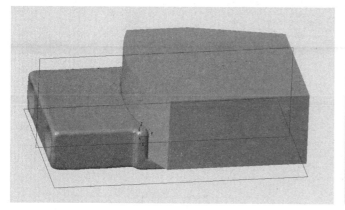

图 3-1-12　拉伸第一层切除特征后的效果

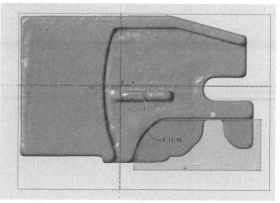

图 3-1-13　第二层切除特征草图

 技能加油站

草绘的约束包括几何约束和尺寸约束。

1. 添加几何约束

1）添加约束

图元的垂直约束如图 3-1-14 所示，单击草图选项卡"约束"组中的"垂直"按钮，选中需要垂直约束的两直线，完成约束。

（a）两直线

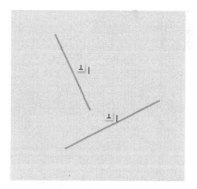

（b）垂直约束后的两直线

图 3-1-14　图元的垂直约束

以同样的操作方法，可添加其他约束。约束工具栏如图 3-1-15 所示。

2）删除约束

若需要删除约束，则可在需要删除约束的显示上长按鼠标右键，在弹出的浮动菜单上选择"删除"选项。删除约束如图 3-1-16 所示。

3）解决约束冲突

当添加的约束与现有约束出现冲突或多余的情况时，系统弹出如图 3-1-17 所示的"解决草绘"对话框。

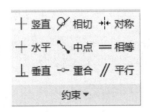

图 3-1-15　约束工具栏

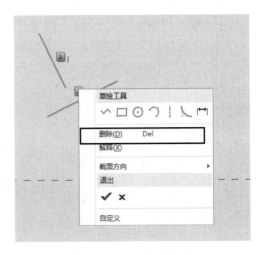

图 3-1-16　删除约束

2. 添加尺寸约束

在绘制图元时，系统会及时自动生成尺寸，这些尺寸被称为弱尺寸，不可手动删除。用户可添加尺寸以创建所需的标注布置，这些尺寸被称为强尺寸。

1）标注尺寸

单击草绘选项卡"尺寸"组中的"尺寸"按钮，单击选择需要标注尺寸的图元。单击鼠标中键，修改尺寸参数。再单击鼠标中键或按回车键，完成尺寸标注。图 3-1-18 所示为尺寸标注示例。

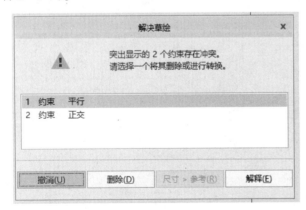

图 3-1-17　"解决草绘"对话框

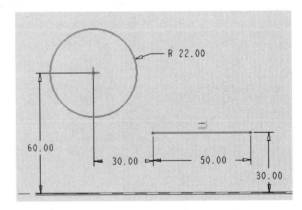

图 3-1-18　尺寸标注示例

2）标注周长

单击草绘选项卡"尺寸"组中的"周长"按钮，单击选择需要计算周长的图元后，单击"选择"对话框中的"确定"按钮，再单击尺寸数值并按回车键，完成周长的标注。标注周长的操作步骤如图 3-1-19 所示，圆周长的标注效果、矩形周长的标注效果分别如图 3-1-20、图 3-1-21 所示。

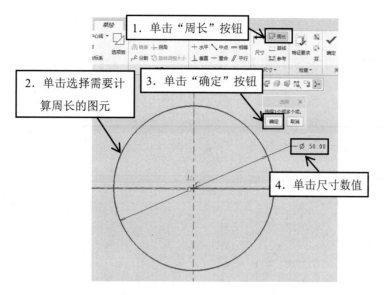

图 3-1-19　标注周长的操作步骤

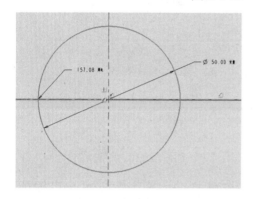

图 3-1-20　圆周长的标注效果

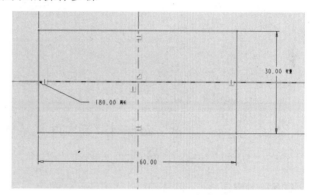

图 3-1-21　矩形周长的标注效果

3）修改尺寸数值

单击尺寸数值，在弹出的浮动工具条中单击"修改"按钮，系统弹出如图 3-1-22 所示的"修改尺寸"对话框，在该对话框中的数值框中输入新的数值并单击"确定"按钮，完成尺寸数值的修改；或双击尺寸数值，在出现的如图 3-1-23 所示的尺寸数值框 40.00 中输入新的数值并按回车键，完成尺寸数值的修改。

图 3-1-22　"修改尺寸"对话框

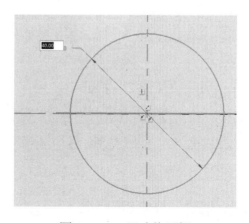

图 3-1-23　尺寸修正框

4）修改圆尺寸的标注样式

单击尺寸数值，在弹出的浮动工具条中单击选择需要的标注样式按钮。圆尺寸标注样式的修改如图 3-1-24 所示。

5）锁定尺寸

单击尺寸数值，在弹出的浮动工具条中单击"尺寸锁定"按钮，尺寸的锁定如图 3-1-25 所示。锁定的尺寸显示为暗红色，且在拖动的过程中，相关尺寸不会产生变化或被删除。

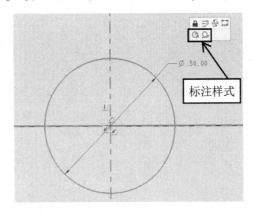

图 3-1-24　圆尺寸标注样式的修改

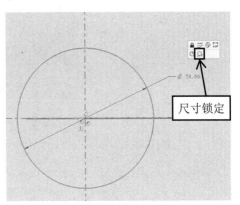

图 3-1-25　尺寸的锁定

19．使用"拉伸"命令创建第二层切除特征

在"模型"选项卡中单击"形状"组中的"拉伸"按钮，进入拉伸编辑界面。选取上一步绘制完成的草图，首先单击"拉伸为曲面"按钮，然后单击"选项"选项卡，再勾选"封闭端"复选框，最后拖动控制深度的小圆点高出主体特征并单击"确定"按钮，拉伸第二层切除特征后的效果如图 3-1-26 所示。

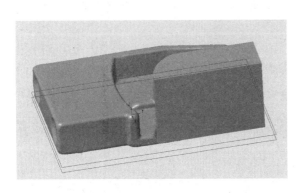

图 3-1-26　拉伸第二层切除特征后的效果

20．实体化主体特征

实体化主体特征如图 3-1-27 所示，选中"拉伸 1"特征，在"模型"选项卡中单击"编辑"组中的"实体化"按钮，进入实体化编辑界面。单击"确定"按钮，完成主体"拉伸 1"特征的实体化。

21．切除"拉伸 2"特征

选中"拉伸 2"特征，在"模型"选项卡中单击"编辑"组中的"实体化"按钮，进入实体化编辑界面。单击"移除面组内侧或外侧的材料"按钮后，单击"确定"按钮。切除"拉伸 2"特征的操作步骤如图 3-1-28 所示。

22．切除"拉伸 3"特征

重复上述操作，完成"拉伸 3"特征的切除，切除"拉伸 3"特征后的效果如图 3-1-29 所示。

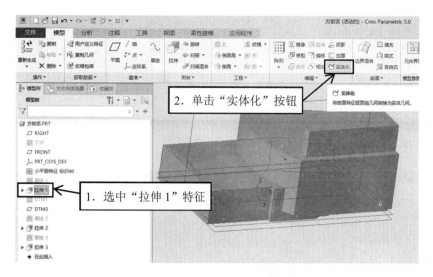

图 3-1-27　实体化主体特征

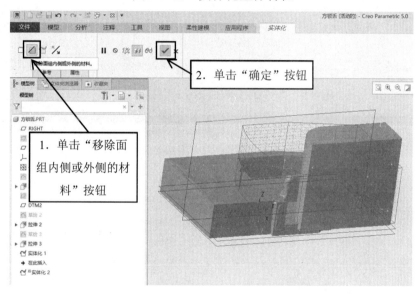

图 3-1-28　切除"拉伸 2"特征的操作步骤

23．摆正视图

选中"TOP"平面，在弹出的浮动工具条中单击"视图法向"按钮。摆正视图后的效果如图 3-1-30 所示。

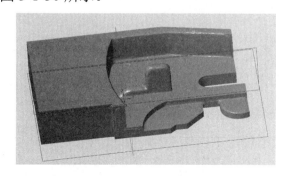

图 3-1-29　切除"拉伸 3"特征后的效果

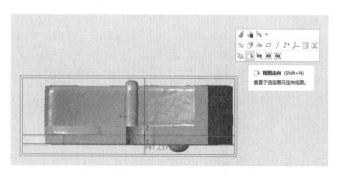

图 3-1-30　摆正视图后的效果

24．创建 DTM3 基准平面

在"模型"选项卡中单击"基准"组中的"平面"按钮，选中"RIGHT"平面，并在弹出的"基准平面"对话框中，在"放置"选项卡的"平移"数值框中输入数值 1.30，然后单击"确定"按钮，完成 DTM3 基准平面的创建。图 3-1-31 所示为创建 DTM3 基准平面的操作步骤。

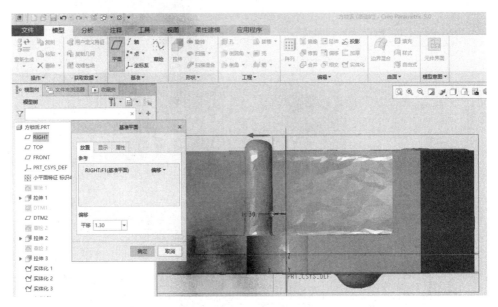

图 3-1-31　创建 DTM3 基准平面的操作步骤

25．绘制凸台特征草图

在"模型"选项卡中单击"基准"组中的"草绘"按钮，弹出"草绘"对话框，选中"DTM3"平面，单击"草绘"按钮，进入草绘界面。应用"线链"工具，绘制如图 3-1-32 所示的凸台特征草图，并单击"确定"按钮，完成草图绘制。

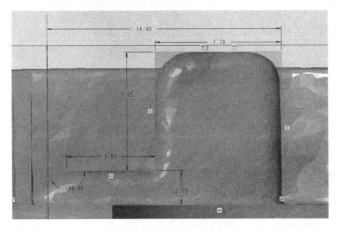

图 3-1-32　凸台特征草图

26．使用"拉伸"命令创建凸台特征

在"模型"选项卡中单击"形状"组中的"拉伸"按钮，进入拉伸编辑界面。选取上一步

绘制完成的草图，单击"拉伸为实体"按钮并在深度数值框中输入数值2.65，再单击"确定"按钮，完成拉伸。拉伸凸台特征的操作步骤如图3-1-33所示。

27．显示小平面

在"模型树"选项卡中，选中"小平面特征 标识40"选项，在弹出的浮动工具条中单击"编辑定义"按钮，编辑定义小平面特征的操作步骤如图3-1-34所示。

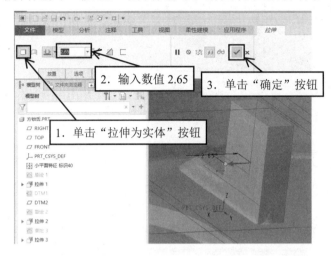

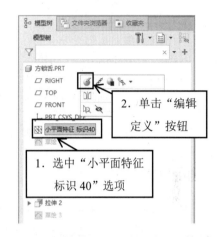

图3-1-33　拉伸凸台特征的操作步骤　　　　图3-1-34　编辑定义小平面特征的操作步骤

进入小平面编辑界面后，单击"选择"组中的"小平面显示"按钮，然后单击"确定"按钮，显示小平面，如图3-1-35所示。再次单击"确定"按钮，退出编辑。

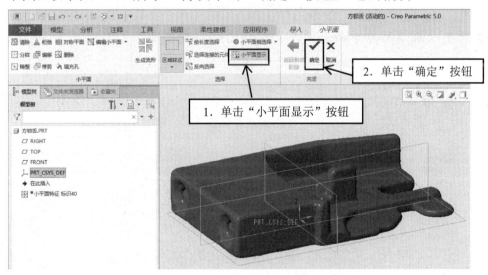

图3-1-35　显示小平面

28．创建DTM4基准平面

在"模型"选项卡中单击"基准"组中的"平面"按钮，弹出"基准平面"对话框，按住Ctrl键选中平面1、平面2后，单击"确定"按钮，完成如图3-1-36所示的DTM4基准平面的创建。

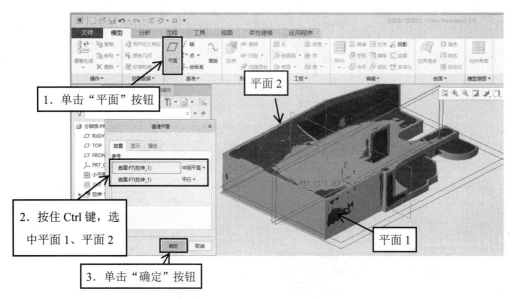

图 3-1-36　DTM4 基准平面的创建

 技能加油站

基准平面又称基准面。在创建特征时，如果模型上没有合适的平面，可以创建基准平面为特征截面的草绘平面及参考平面。

基准平面的创建方法有如下 8 种。

1. 通过偏移

在"模型"选项卡中单击"基准"组中的"平面"按钮，弹出"基准平面"对话框，选中参考平面，调整平移距离并单击"确定"按钮，即可创建一个与参考平面平行的基准平面。通过偏移创建基准平面的操作步骤如图 3-1-37 所示。

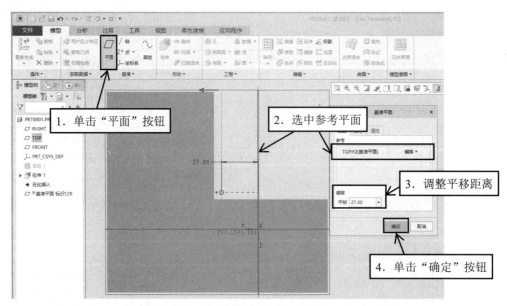

图 3-1-37　通过偏移创建基准平面的操作步骤

2. 通过一条直线和一个平面

在"模型"选项卡中单击"基准"组中的"平面"按钮，弹出"基准平面"对话框，按住 Ctrl 键，选中参考直线和参考平面，调整角度和方向并单击"确定"按钮，即可创建经过直线且与参考平面具有一定角度的基准平面。通过一条直线和一个平面创建基准平面的操作步骤如图 3-1-38 所示。

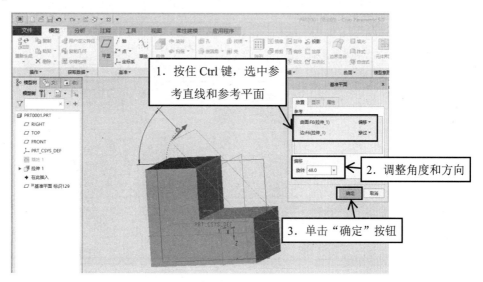

图 3-1-38　通过一条直线和一个平面创建基准平面的操作步骤

3. 通过两条直线

在"模型"选项卡中单击"基准"组中的"平面"按钮，弹出"基准平面"对话框，按住 Ctrl 键，选择两条参考直线并单击"确定"按钮，即可创建经过两条直线的基准平面。通过两条直线创建基准平面的操作步骤如图 3-1-39 所示。

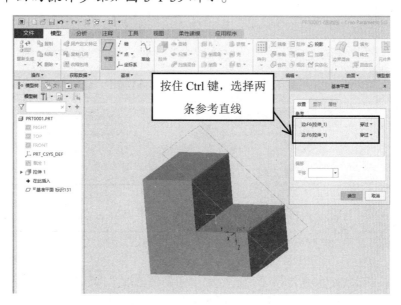

图 3-1-39　通过两条直线创建基准平面的操作步骤

4. 通过一个点和一个平面

在"模型"选项卡中单击"基准"组中的"平面"按钮，弹出"基准平面"对话框，按住 Ctrl 键，选择一个参考平面和一个参考点并单击"确定"按钮，即可创建与参考平面平行的、经过参考点的基准平面。通过一个点和一个平面创建基准平面的操作步骤如图 3-1-40 所示。

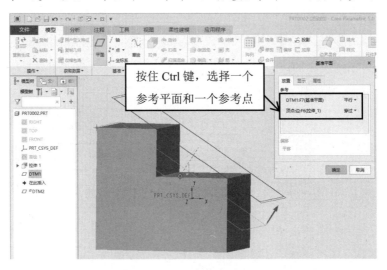

图 3-1-40　通过一个点和一个平面创建基准平面的操作步骤

5. 通过两个点和一个平面

在"模型"选项卡中单击"基准"组中的"平面"按钮，弹出"基准平面"对话框，按住 Ctrl 键，选择两个参考点和一个参考平面，调整基准平面与参考平面法向或者平行，即可创建一个与参考平面法向或者平行且经过两个参考点的基准平面。通过两个点和一个平面创建基准平面的操作步骤如图 3-1-41 所示。

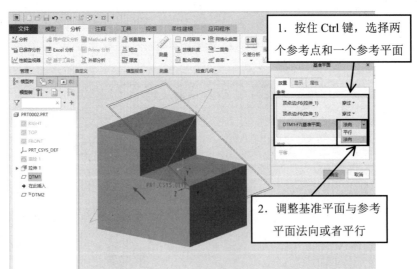

图 3-1-41　通过两个点和一个平面创建基准平面的操作步骤

6. 通过三个点

在"模型"选项卡中单击"基准"组中的"平面"按钮，弹出"基准平面"对话框，按住

Ctrl 键，选择三个参考点并单击"确定"按钮，即可创建基准平面。通过三个点创建基准平面的操作步骤如图 3-1-42 所示。

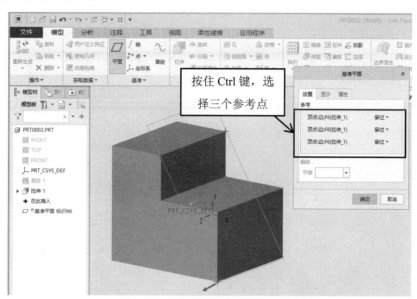

图 3-1-42　通过三个点创建基准平面的操作步骤

7. 通过相交的两个平面

通过相交的两个参考平面，可创建如图 3-1-43 所示的两个参考平面的二等分基准平面。

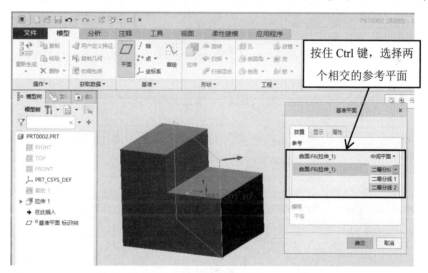

图 3-1-43　两个参考平面的二等分基准平面

8. 通过平行的两个平面

通过相互平行的两个参考平面，可创建如图 3-1-44 所示的两个参考平面中间的基准平面。

29. 绘制孔特征草图

选中实体左侧平面，在弹出的浮动工具条中单击"草图"按钮，进入如图 3-1-45 所示的草绘界面。

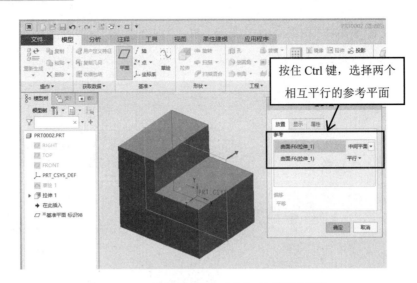

图 3-1-44　两个参考平面中间的基准平面

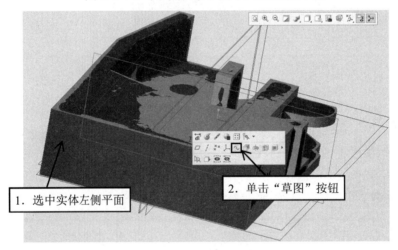

图 3-1-45　草绘界面

摆正草绘视图后，应用"圆"工具，绘制孔特征草图，如图 3-1-46 所示。

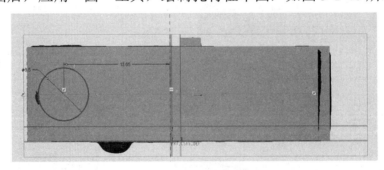

图 3-1-46　绘制孔特征草图

30．创建孔特征

在"模型"选项卡中单击"形状"组中的"拉伸"按钮，进入拉伸编辑界面。选取上一步绘制完成的草图，单击"拉伸为实体"按钮，在深度数值框中输入数值 8.00，单击"确定"按钮，完成拉伸切除。创建完成后的拉伸孔特征如图 3-1-47 所示。

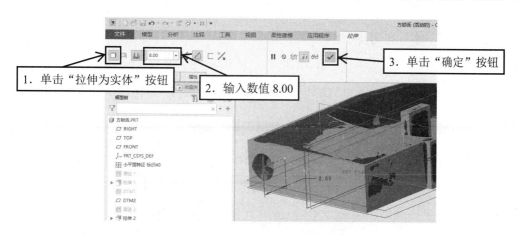

图 3-1-47　创建完成后的拉伸孔特征

31．镜像孔特征

在"模型树"选项卡中选中"拉伸 5"特征，在弹出的浮动工具条中单击"镜像"按钮，进入镜像编辑界面，选中"DTM4"基准平面并单击"确定"按钮，完成孔特征的镜像，镜像"拉伸 5"特征的操作步骤如图 3-1-48 所示。

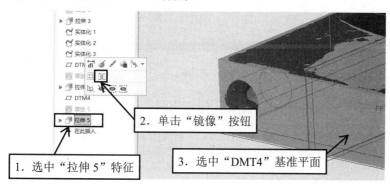

图 3-1-48　镜像"拉伸 5"特征的操作步骤

32．绘制半球特征草图

在"模型"选项卡中单击"基准"组中的"草绘"按钮，选中实体底面，单击"草绘"按钮，进入草绘界面。单击图形工具条中的"草绘视图"按钮，摆正视图。应用"圆""线链"工具，绘制如图 3-1-49 所示的半球特征草图并单击"确定"按钮，完成半球特征草图的绘制。

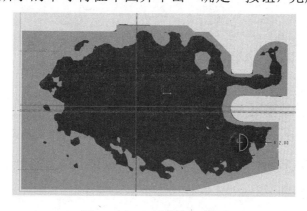

图 3-1-49　半球特征草图

33．使用"旋转"命令创建旋转半球特征

在"模型"选项卡中单击"形状"组中的"旋转"按钮，进入旋转编辑界面。单击"旋转为实体"按钮，选中上一步创建的半球特征草图并单击"确定"按钮，完成旋转半球特征的创建。旋转半球特征草图如图3-1-50所示。

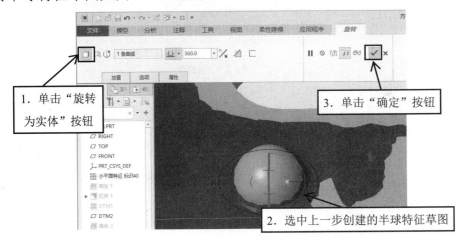

图 3-1-50　旋转半球特征草图

34．倒圆角特征

倒圆角的操作步骤如图3-1-51所示，选中方锁舌的棱边，在弹出的浮动工具条中单击"倒圆角"按钮，输入圆角半径值调整圆角大小并单击"确定"按钮。参照如图3-1-52所示的各边圆角半径大小，完成对方锁舌各棱边的倒圆角。参照图3-1-53，完成对底面各边的倒圆角。

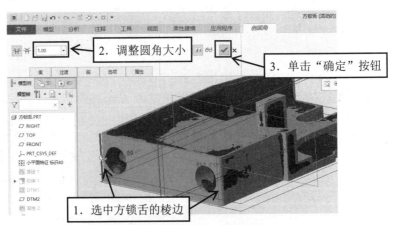

图 3-1-51　倒圆角的操作步骤

35．隐藏小平面特征及基准平面

在"模型树"选项卡中，选择"小平面特征 标识40"选项，单击浮动工具条中的"隐藏"按钮。重复该操作，依次隐藏各基准面。完成小平面特征与基准平面隐藏后的效果如图3-1-54所示。

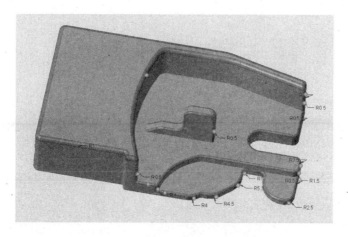

图 3-1-52　各边圆角半径大小

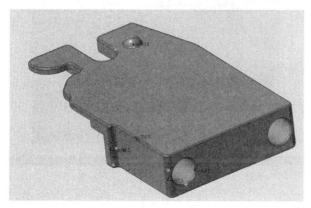

图 3-1-53　对底面各边倒圆角

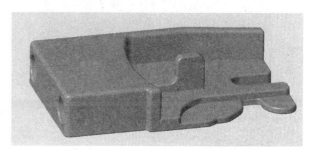

图 3-1-54　完成小平面特征与基准平面隐藏后的效果

36. 保存为 STL 文件

参照项目一中文件保存的操作，将文件另存为"方锁舌.stl"，并将弦高设置为 0.01。

逆向建模任务评价表

序号	检测项目	配分	评分标准	自评	组评	师评
1	主体特征	18	是否有该特征			
2	第一层切除特征	15	是否有该特征			
3	第二层切除特征	12	是否有该特征			
4	凸台特征	10	是否有该特征			
5	孔特征	10	是否有该特征			
6	半球特征	10	是否有该特征			
7	圆角特征	10	是否有该特征			
8	文件导出	5	导出文件弦高设置是否正确			
9	与原模型匹配程度	10	根据逆向建模匹配程度酌情评分			
10	合计					
互评学生签名						

任务二 3D 打印

1. 导入文件

切片操作视频

双击切片软件图标启动该软件。单击"载入"按钮，选择上一步导出的"方锁舌.stl"文件，单击"打开"按钮，导入后的方锁舌零件摆放图如图 3-2-1 所示。

2. 摆正模型

单击"旋转"按钮旋转物体，然后单击"放平"按钮，即可如图 3-2-2 所示将模型摆正。

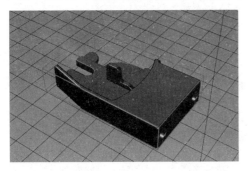

图 3-2-1　导入后的方锁舌零件摆放图

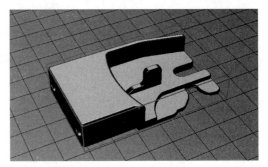

图 3-2-2　将模型摆正

 知识加油站

模型放置原则：尽量避免模型放置有过多的悬空部分。

模型的不同放置方式跟耗材用量和时间有关系。合理地放置模型，不仅可以节约时间和材料，还可以提高模型的打印质量。

3. 切片软件设置

单击"切片软件"按钮，输入打印速度为 60～70mm/s，质量为 0.2mm，填充密度为 60%。单击"配置"按钮，设置速度参数保持默认并输入质量参数为 0.2mm，设置完成后单击"保存"按钮，将参数保存。

单击"结构"按钮，设置参数，外壳厚度和顶层/底层厚度值均为 1.2mm，其余参数保持默认。

技能加油站

1. 壁厚（外壳厚度）设置

壁厚即打印模型的最外层壳的厚度，壁厚值越大，外壳越厚，模型越结实。通常，切片软件中模型壁厚的参数值需要设置为挤出喷嘴直径的整数倍，否则打印出的模型外壁中会存在间隙，进而影响模型质量。如对于0.4mm直径的喷嘴，壁厚值可设为0.8mm、1.2mm、1.6mm等；对于0.6mm直径的喷嘴，壁厚值可设为1.2mm、1.8mm等。其中，1.2mm是应用最多的壁厚值。对于需要打磨或钻孔的模型，建议壁厚设置得厚点，如壁厚值可设为2.4mm、3mm等。

2. 挤出喷嘴加热温度设置

挤出喷嘴即挤出头，是熔融沉积3D打印机的核心部件。挤出喷嘴主要由加热模块和进丝机构组成，切片软件中对挤出喷嘴的参数设置主要是挤出喷嘴加热温度的设置。熔融沉积3D打印机使用的原材料为包含多个种类（ABS、PLA等）的丝状热塑性材料。以PLA材料为例，PLA材料在170℃时开始熔融，但此时材料的黏度较大，很难挤动，195℃为PLA材料最适宜的打印温度。如果需要加快打印速度，那么应提高挤出喷嘴的温度，但该温度不能高于220℃，温度过高时，PLA材料容易出现变质和发糊等问题。

4. 切片导出

单击"开始切片"按钮进行切片，切片完成后，单击"保存"按钮，将切片数据导出到SD卡中，文件保存类型为GCode，然后将SD卡插进3D打印机进行打印。

3D打印任务评价表

序号	检测项目	配分	评分标准	自评	组评	师评
1	打印操作	10	是否进行调平（5）			
			操作是否规范（5）			
2	模型底部	5	模型底部是否平整			
3	整体外观	10	外观是否光顺无断层			
4	第一层切除特征	10	舌特征是否残缺			
5	第二层切除特征	10	肋特征是否残缺			
6	孔特征	10	孔特征是否残缺			
7	凸台特征	10	凸台特征是否残缺			
8	半球特征	5	半球特征是否残缺			
9	支撑处理	10	支撑是否去除干净、无毛刺			
10	尺寸检测	10	打印模型的尺寸与原模型的尺寸越接近，分数越高			
11	其他	10	根据是否出现其他问题酌情评分			
12			合计			
	互评学生姓名					

项目拓展

完成如图 3-2-3 所示连板的逆向建模与 3D 打印。

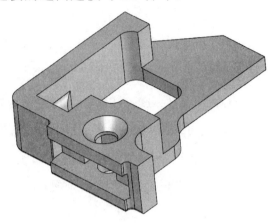

图 3-2-3　连板

项目四
导风嘴逆向建模与 3D 打印

项目描述

导风嘴是在电吹风中实现风力集中和风向引导作用的零件，由 ABS 材料注塑而成，其造型一般跟随外壳而成，具有曲面特征但造型相对简单。

项目目标

1. 掌握抽壳命令。
2. 掌握曲线曲率处理方法。
3. 初步掌握边界混合命令。
4. 掌握该零件的 3D 打印成型方法。

项目完成效果图

完成后的导风嘴效果图如图 4-1-1 所示。

图 4-1-1　完成后的导风嘴效果图

项目实施

任务一　逆向建模

1．导入数据

导入"导风嘴"扫描数据并分样精简小平面。完成后的模型导入分样图如图 4-1-2 所示。

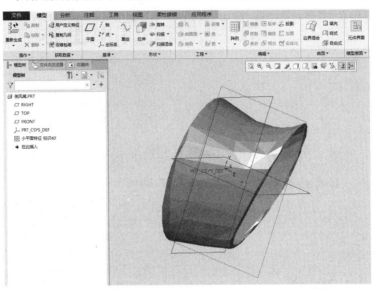

图 4-1-2　完成后的模型导入分样图

2．摆正视图

视图法向的操作步骤如图 4-1-3 所示，选中"RIGHT"平面，在弹出的浮动工具条中单击"视图法向"按钮。摆正后的模型效果如图 4-1-4 所示。

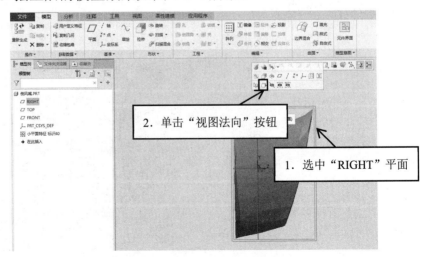

图 4-1-3　视图法向的操作步骤

3．新建基准平面

新建基准平面的操作步骤如图4-1-5所示，在"模型"选项卡中单击"基准"组中的"平面"按钮，选中"FRONT"平面，按住鼠标左键往左拖动小圆点到与零件左侧表面平齐的位置。拖动后的效果图如图4-1-6所示，然后单击"确定"按钮。

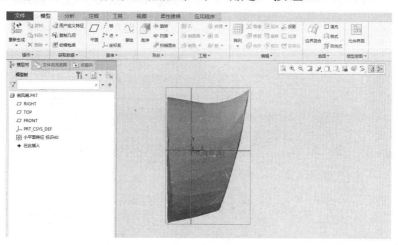

图4-1-4　摆正后的模型效果

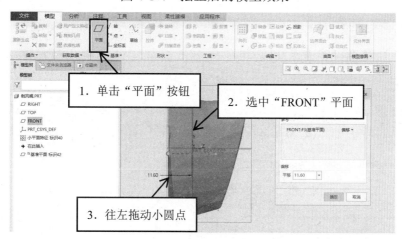

图4-1-5　新建基准平面的操作步骤

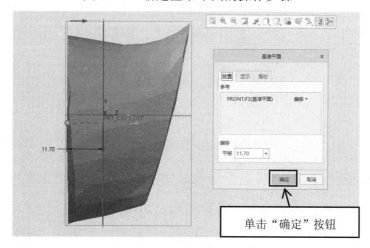

图4-1-6　拖动后的效果图

4．绘制导风嘴的上曲线轮廓

选中"RIGHT"平面，在弹出的浮动工具条中单击"草绘"按钮，摆正草绘视图如图 4-1-7 所示。

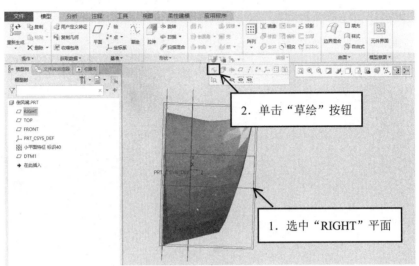

图 4-1-7　摆正草绘视图

在"草绘"选项卡中单击"草绘"组中的"样条"按钮，绘制导风嘴的上边曲线，通过拖动各个小圆点，使样条曲线贴紧扫描数据。绘制样条曲线的操作步骤如图 4-1-8 所示。

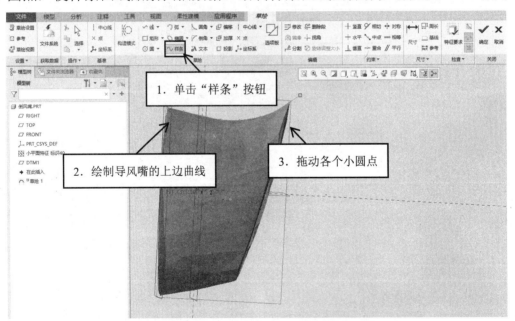

图 4-1-8　绘制样条曲线的操作

双击绘制出的样条曲线，在"样条"选项卡中单击"曲率分析工具"按钮，在"比例"数值框中输入 20.000000（放大参考值），调整小圆点使曲率线与样条曲线位于同一侧，防止曲率突变。调整曲率线的操作步骤如图 4-1-9 所示，调整完成后单击"确定"按钮。

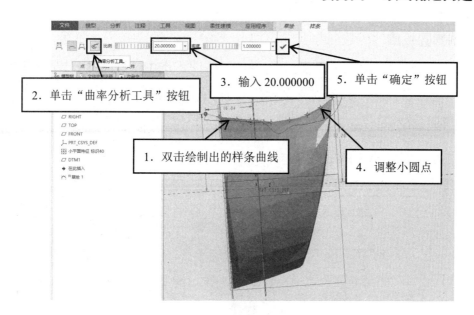

图 4-1-9　调整曲率线的操作步骤

 技能加油站

曲线的曲率分析操作过程：

（1）双击草绘中的曲线，进入曲率分析界面。

（2）单击"曲率分析工具"　 **曲率** 　按钮，调整比例和密度。

（3）拖动曲线上的点，观察曲率变化情况，直至曲率线在曲线的同一侧。

（4）单击勾选，完成分析。

5．绘制导风嘴的下曲线轮廓

在"草绘"选项卡中单击"草绘"组中的"线"按钮，绘制导风嘴的下边直线，使其贴紧模型后单击"确定"按钮。绘制直线的操作步骤如图 4-1-10 所示。

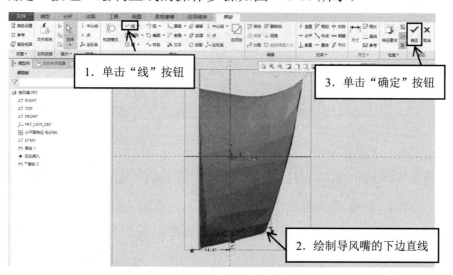

图 4-1-10　绘制直线的操作步骤

6．绘制左侧椭圆轮廓

在"模型"选项卡中单击"基准"组中的"点"按钮，选中"DTM1"基准平面，按住 Ctrl 键单击上一步草绘的样条曲线，找到该样条曲线与 DTM1 基准平面的交点，如图 4-1-11 所示。

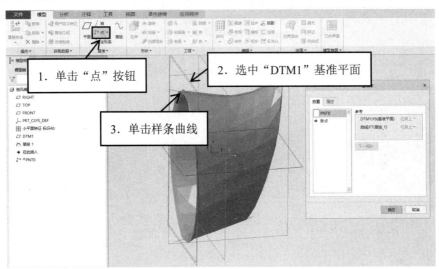

图 4-1-11　找到该样条曲线与 DTM1 基准平面的交点

在"基准点"对话框中增加"新点"，选中"DTM1"基准平面，按住 Ctrl 键单击选中下边直线，如图 4-1-12 所示，找到该下边直线与 DTM1 基准平面的交点并单击"确定"按钮。

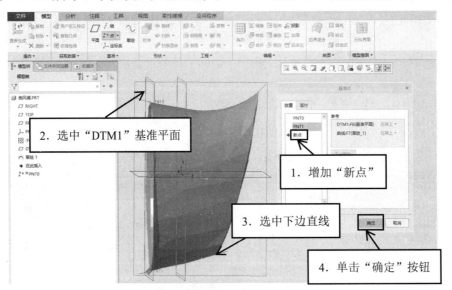

图 4-1-12　找到该下边直线与 DTM1 基准平面的交点

草绘平面的操作步骤如图 4-1-13 所示，选中"DTM1"基准平面，在弹出的浮动工具条中单击"草绘"按钮，并将草绘视图摆正。

在"草绘"选项卡中单击"设置"组中的"草绘设置"按钮，进入草绘设置界面，如图 4-1-14 所示。在弹出的"草绘"对话框中，首先单击"反向"按钮，再单击"草绘"按钮，反向找到草绘视图，如图 4-1-15 所示。

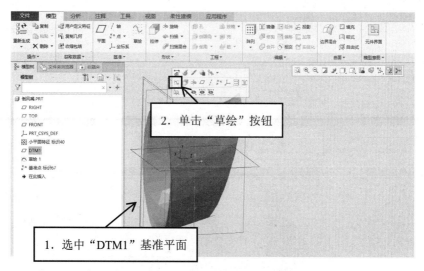

图 4-1-13　草绘平面的操作步骤

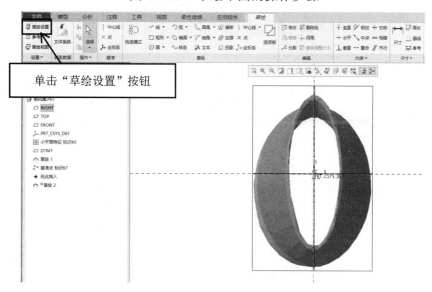

图 4-1-14　进入草绘设置界面

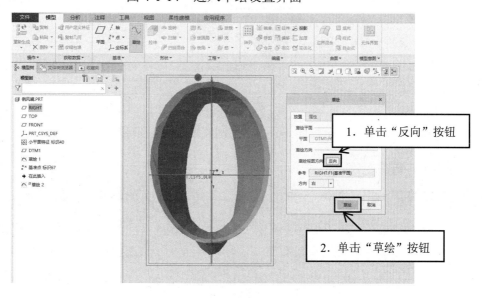

图 4-1-15　反向找到草绘视图

在"草绘"选项卡中单击"草绘"组中的"椭圆"按钮，选中前面两步骤中找到的两个交点作为椭圆长轴上的端点，如图4-1-16所示找到长轴。

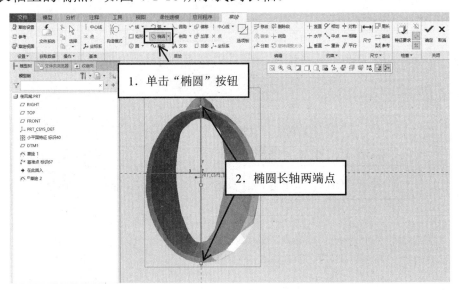

图4-1-16　找到长轴

绘制椭圆短轴，使椭圆贴紧模型（短轴直径参考值：44.50），绘制完成后单击"确定"按钮。图4-1-17所示为绘制椭圆的操作步骤。

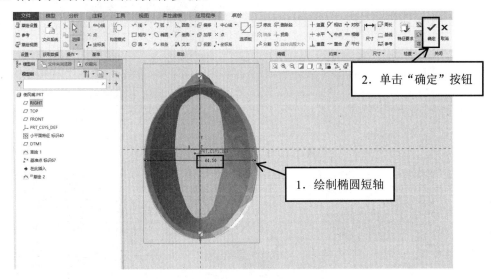

图4-1-17　绘制椭圆的操作步骤

7．绘制右侧椭圆轮廓

选中"RIGHT"面，在弹出的浮动工具条中单击"草绘"按钮，草绘平面如图4-1-18所示。单击"草绘视图"按钮，切换视图效果，如图4-1-19所示，切换完成后单击"确定"按钮。

在"草绘"选项卡中单击"草绘"组中的"弧"按钮，采用三点画弧方法，使弧贴紧扫描数据，画弧完成后单击"确定"按钮。绘制弧的操作步骤如图4-1-20所示。

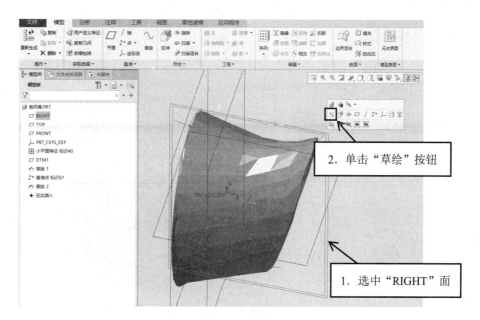

图 4-1-18　草绘平面

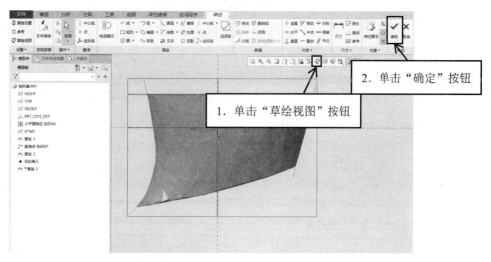

图 4-1-19　切换视图效果

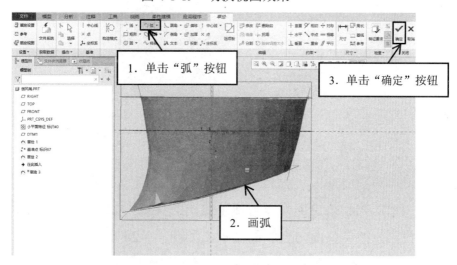

图 4-1-20　绘制弧的操作步骤

拉伸弧的操作步骤如图 4-2-21 所示，选中上一步绘制完成的弧，在"模型"选项卡中单击"形状"组中的"拉伸"按钮，进入拉伸编辑界面。

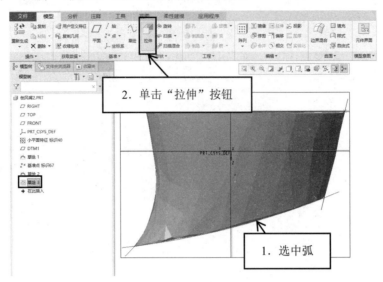

图 4-1-21　拉伸弧的操作步骤

在"拉伸"选项卡中，先单击"曲面拉伸"按钮，在拉伸方式下拉列表中选择"拉伸草绘平面的双侧"选项，再拖动小圆点，使该拉伸弧面覆盖导风嘴模型，拉伸效果图如图 4-1-22 所示，拉伸完成后单击"确定"按钮。

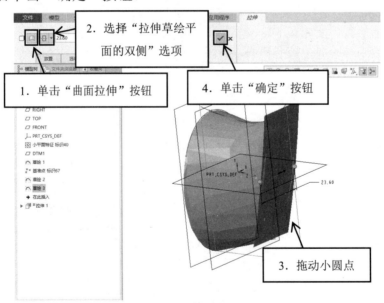

图 4-1-22　拉伸效果图

利用"点"按钮，找到该拉伸弧面与样条曲线的交点，如图 4-1-23 所示。

增加新点，找到该拉伸弧面与直线的交点，如图 4-1-24 所示。

选择"DTM1"基准平面为草绘平面，摆正草绘视图，右击"模型树"选项卡中的"拉伸 1"选项，在弹出的菜单中单击"隐藏"选项，将拉伸曲面隐藏。选定草绘平面并隐藏"拉伸 1" 的操作步骤如图 4-1-25 所示。

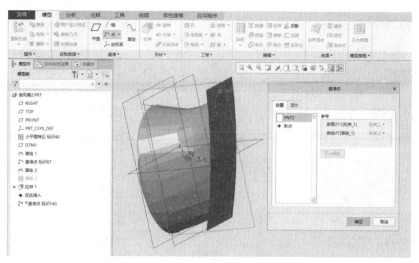

图 4-1-23　找到拉伸弧面与样条曲线的交点

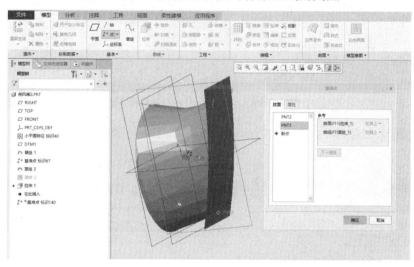

图 4-1-24　找到拉伸弧面与直线的交点

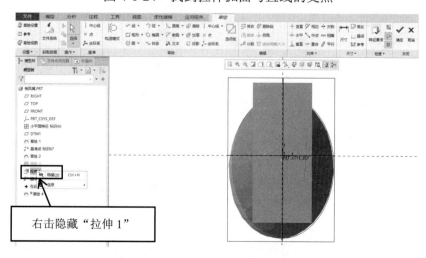

右击隐藏"拉伸 1"

图 4-1-25　选定草绘平面并隐藏"拉伸 1"的操作步骤

在"草绘"选项卡中单击"草绘"组中的"椭圆"按钮，以样条曲线与该拉伸弧面的交点和直线与该拉伸弧面的交点为长轴的两个端点绘制椭圆，使椭圆的短轴贴紧模型（短轴直径参考值：22.10），绘制椭圆的过程如图4-1-26所示，绘制完成后单击"确定"按钮。

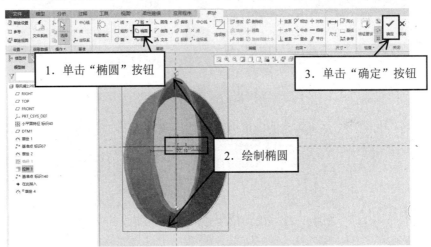

图 4-1-26　绘制椭圆的过程

选中上一步完成的"草绘4"椭圆，在"模型"选项卡中单击"编辑"组中的"相交"按钮，进入相交界面，如图4-1-27所示。单击"模型树"选项卡中的"草绘3"选项，在导风嘴弧面上生成与上述椭圆同样大小的椭圆，如图4-1-28所示。生成完成后单击"确定"按钮。

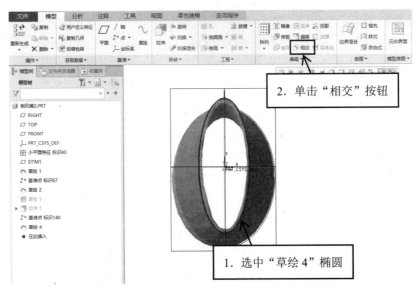

图 4-1-27　进入相交界面

8．边界混合主体特征面

在"模型"选项卡中单击"曲面"组中的"边界混合"按钮，进入如图4-1-29所示的边界混合编辑界面。

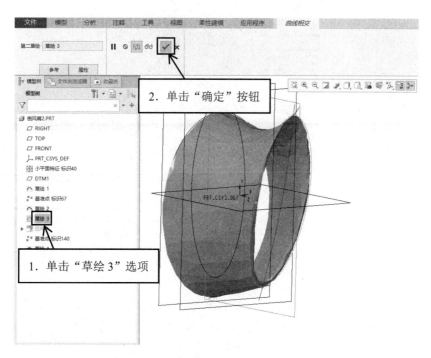

图 4-1-28　在导风嘴弧面上生成与上述椭圆同样大小的椭圆

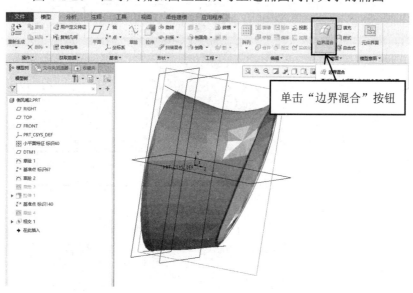

图 4-1-29　边界混合编辑界面

选中样条曲线，按住 Ctrl 键再选中直线，边界混合的上下界限如图 4-1-30 所示。单击"边界混合"选项卡中的"单击此处添加项"选项框，在"选择项"条件下选中椭圆 1，按住 Crtrl 键再选中椭圆 2，这样就混合成导风嘴曲面。边界混合效果图如图 4-1-31 所示，最后单击"确定"按钮。

9. 填充椭圆面

在"模型树"选项卡中单击"拉伸 1"选项并取消其隐藏，单击"模型"选项卡中"曲面"组中的"填充"按钮，进入填充界面，如图 4-1-32 所示。选中"草绘 2"椭圆，单击"确定"按钮，填充圆弧面，如图 4-1-33 所示。

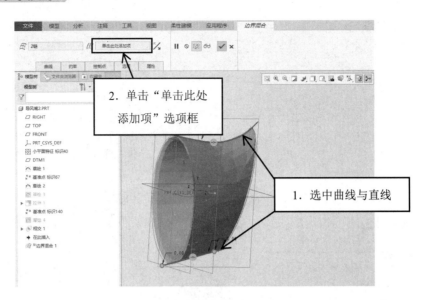

图 4-1-30　边界混合的上下界限

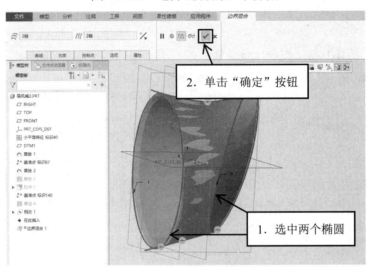

图 4-1-31　边界混合效果图

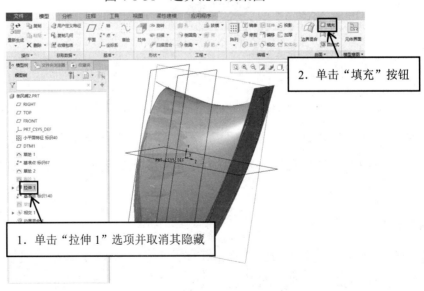

图 4-1-32　进入填充界面

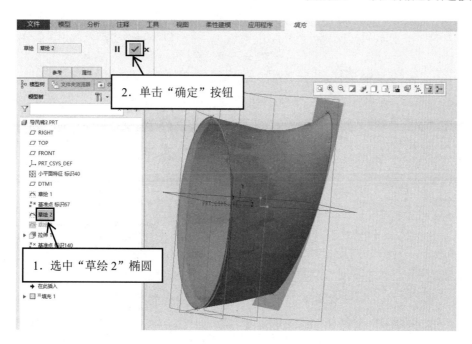

图 4-1-33　填充圆弧面

10．实体化导风嘴

选中"拉伸 1"弧面，按住 Ctrl 键后选中"边界混合 1"，在"模型"选项卡中单击"编辑"组中的"合并"按钮，进入合并编辑界面，如图 4-1-34 所示。单击箭头使合并向里，合并圆弧面和混合曲面，如图 4-1-35 所示，然后单击"确定"按钮。

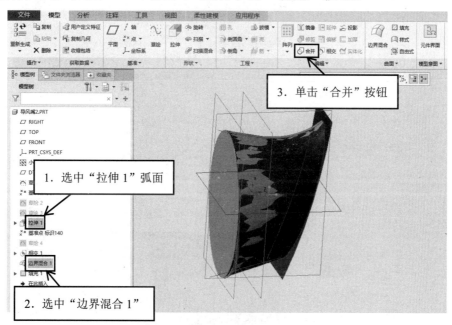

图 4-1-34　进入合并编辑界面

用同样的方法合并"填充 1"和"边界混合 1"，合并后的模型效果如图 4-1-36 所示。

选中合并面，在"模型"选项卡中单击"编辑"组中的"实体化"按钮，实体化完成后的效果图如图 4-1-37 所示。

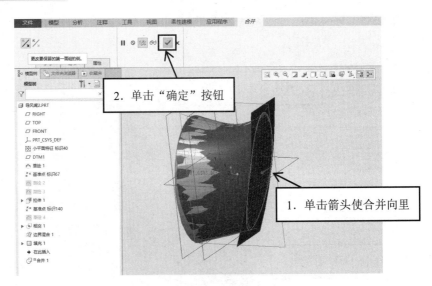

图 4-1-35　合并圆弧面和混合曲面

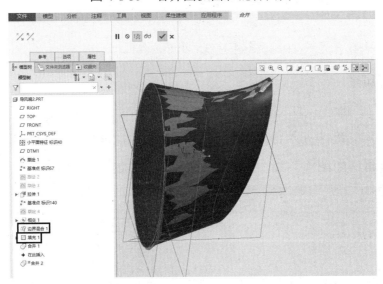

图 4-1-36　合并后的模型效果

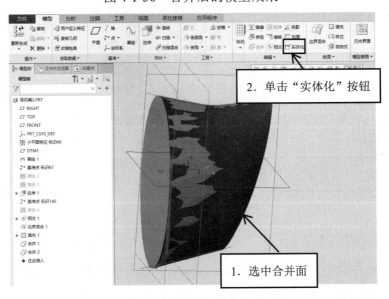

图 4-1-37　实体化完成后的效果图

11. 抽壳

在"模型树"选项卡中选择"小平面特征 标识40"选项并取消其隐藏，在"模型"选项卡中单击"工程"组中的"壳"按钮，如图4-1-38所示进入壳编辑界面。

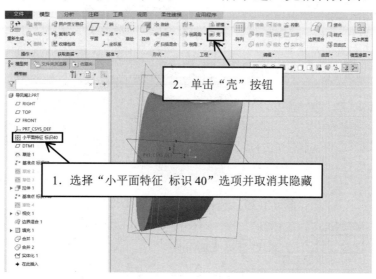

图4-1-38　进入壳编辑界面

 技能加油站

抽壳特征是指将实体的一个或几个表面去除，然后掏空实体的内部，留下一定壁厚的壳。

（1）单击"模型"选项卡中"工程"组中的"壳"按钮 回 壳。

（2）选取抽壳时要去除的实体表面。

 这里可按住Ctrl键，选取其他曲面来添加实体上要去除的表面。

（3）定义壁厚。在操控板的"厚度"数值框中，输入抽壳的壁厚值为1.2。

 这里如果输入正值，则壳的厚度将保留在零件内侧；如果输入负值，则壳的厚度将增加到零件外侧。也可通过单击按钮来改变内侧或外侧。

在"壳"选项卡中单击"参考"选项卡，单击"选择项"选项，选择参考界面的操作步骤如图4-1-39所示。选中要抽壳的一个椭圆面，转动扫描数据，按住Ctrl键后选中另一个要抽壳的椭圆面，输入抽壳厚度（参考值：1.50），抽壳效果图如图4-1-40所示，抽壳完成后单击"确定"按钮。

12. 完成建模

选择"模型树"选项卡中的"小平面特征 标识 40"选项，在弹出的浮动工具条中单击"编辑定义"按钮，进入小平面编辑界面的操作步骤如图4-1-41所示。

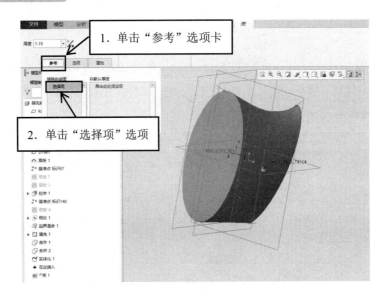

图 4-1-39　选择参考界面的操作步骤

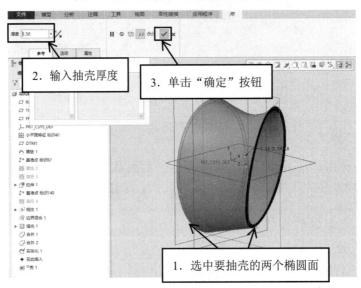

图 4-1-40　抽壳效果图

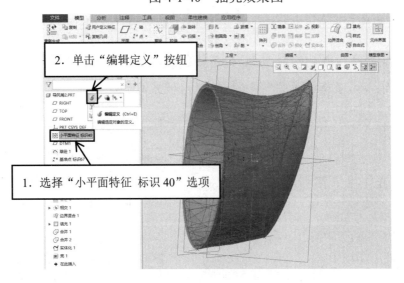

图 4-1-41　进入小平面编辑界面的操作步骤

进入小平面编辑界面后，在"小平面"选项卡中单击"小平面显示"按钮，如图 4-1-42 所示。单击"确定"按钮后，小平面显示效果图如图 4-1-43 所示。

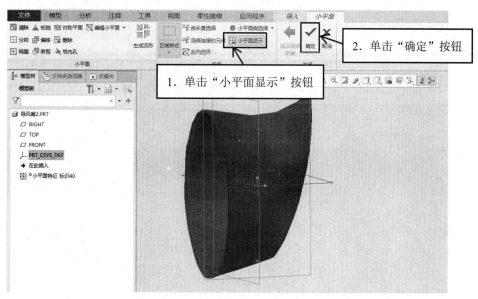

图 4-1-42　在小平面编辑界面中的操作步骤

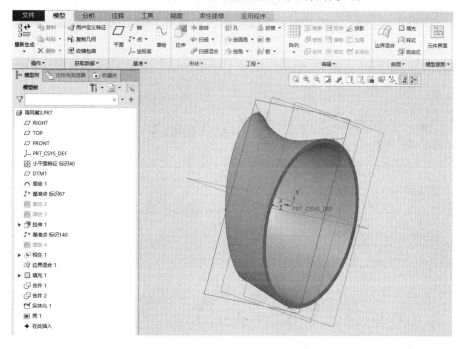

图 4-1-43　小平面显示效果图

13. 保存为 STL 文件

参照项目一中文件保存的操作，将文件另存为"导风嘴.stl"，并将弦高设置为 0.01，单击"确定"按钮。保存文件的操作步骤如图 4-1-44 所示。

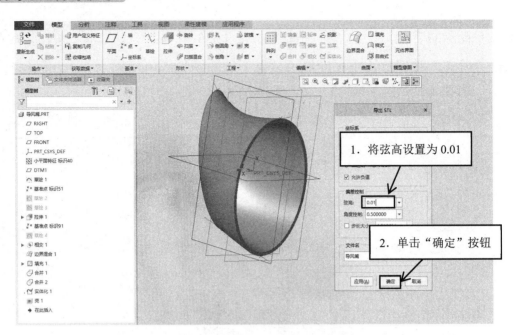

图 4-1-44　保存文件的操作步骤

逆向建模任务评价表

序号	检测项目	配分	评分标准	自评	组评	师评
1	主体特征	20	是否有该特征			
2	弧面特征	30	是否有该特征			
3	抽壳特征	20	是否有该特征			
4	文件导出	10	导出文件弦高设置是否正确			
5	与原模型匹配程度	10	根据逆向建模匹配程度酌情评分			
6	其他	10	根据是否出现其他问题酌情评分			
7		合计				
互评学生姓名						

任务二　3D 打印

1. 导入文件

双击切片软件图标启动该软件。单击"载入"按钮,选择上一步导出的"导风嘴.stl"文件,单击"打开"按钮,导入后的导风嘴模型摆放图如图 4-2-1 所示。

切片操作视频

2. 摆正模型

单击"旋转"按钮,旋转物体,再单击"放平"按钮,即可将模型摆正,如图 4-2-2 所示。

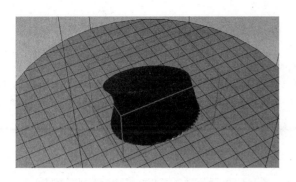

图 4-2-1　导入后的导风嘴模型摆放图

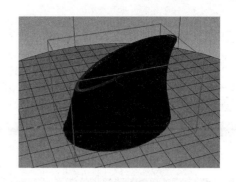

图 4-2-2　将模型摆正

 知识加油站

模型摆放原则：

在进行切片处理前，有选择性地调整模型的放置状态，例如，将表现产品外观特征的主要表面调整为垂直于成型平台的状态。

3．切片软件设置

（1）单击"切片软件"按钮，输入打印速度 60～70mm/s，质量为 0.2mm，填充密度为 100%。单击"配置"按钮，设置速度参数保持默认并输入质量参数为 0.2mm，设置完成后单击"保存"按钮，将参数保存。

（2）单击"结构"按钮，设置参数，外壳厚度和顶层/底层厚度均为 1.2mm，其余参数保持默认。

技能加油站

1．填充设置

由于该模型属于薄壁零件，且内部中空，故将填充密度设置成 100%，以避免因填充密度过低、强度不够而导致零件不满足使用要求的情况。

2．顶层/底层厚度

当在部分中空的填充层上打印 100%填充密度的实心填充层时，实心层会跨越下层的空心部分。此时，实心层上挤出的塑料，会倾向并下垂到空心中。因此，通常需要在顶部打印几层实心层，来获得平整完美的实心表面。一般顶层实心部分打印的厚度至少为 0.6mm，即设置 0.2mm 为层高的话，需要打印 3 层顶部实心层。在使用过程中，如果发现顶层挤出丝之间有间隙，可以尝试增加顶部实心层的数量。注意，增加顶部实心层只会增加打印件里面塑料的体积，不会增加其外部尺寸。

4．切片导出

单击"开始切片"按钮进行切片，切片完成后，单击"保存"按钮，将切片数据导出到

SD 卡中，文件保存类型为 GCode，然后将 SD 卡插进 3D 打印机进行打印。

3D 打印任务评价表

序号	检测项目	配分	评分标准	自评	组评	师评
1	打印操作	10	是否进行调平（5）			
			操作是否规范（5）			
2	模型底部	10	模型底部是否平整			
3	整体外观	10	外观是否光顺、无断层、无溢料			
4	主体特征	15	主体特征是否残缺			
5	弧面特征	15	弧面特征是否光顺、无残缺			
6	抽壳	10	抽壳特征是否残缺			
7	顶层填充	10	顶层填充是否密实			
8	尺寸检测	10	打印模型的尺寸与原模型的尺寸越接近，分数越高			
9	其他	10	根据是否出现其他问题酌情评分			
10	合计					
互评学生姓名						

 项目拓展

完成如图 4-2-3 所示加湿器底座的逆向建模与 3D 打印。

图 4-2-3　加湿器底座

项目五

风扇叶片逆向建模与 3D 打印

项目描述 - ●

　　风扇叶片是电吹风中提供风力的零件，由 ABS 材料注塑而成，它包含了加强筋、叶片等特征，具有一定的建模难度。

项目目标 - ●

　　1. 掌握加强筋的建模方法。

　　2. 熟练掌握偏移曲面的建模方法。

　　3. 掌握该零件的 3D 打印成型方法。

项目完成效果图 - ●

　　完成后的风扇叶片效果图如图 5-1-1 所示。

图 5-1-1　完成后的风扇叶片效果图

项目实施

任务一　逆向建模

1.导入数据

逆向建模步骤视频

导入"风扇叶片"扫描数据，在"保持百分比"数值框中输入20.000000，把小平面数量精简约4万个。分样精简小平面的操作步骤如图5-1-2所示。

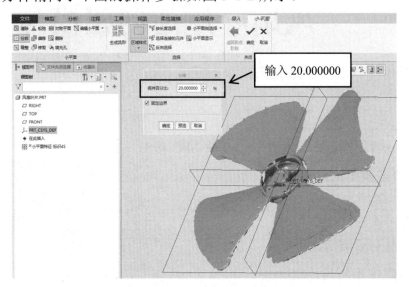

图5-1-2　分样精简小平面的操作步骤

2.生成流形

单击"小平面"选项卡中的"生成流形"按钮，在弹出的"生成流形"对话框中，单击"确定"按钮，然后单击选项卡上的"确定"按钮，生成流形，如图5-1-3所示。

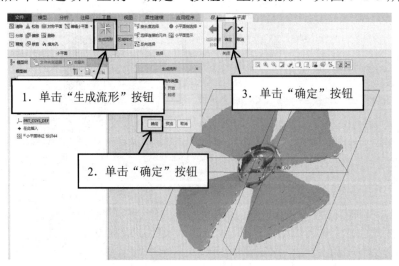

图5-1-3　生成流形

3．摆正视图

视图法向如图 5-1-4 所示，选中"TOP"平面，在弹出的浮动工具条中单击"视图法向"按钮，视图摆正效果如图 5-1-5 所示。

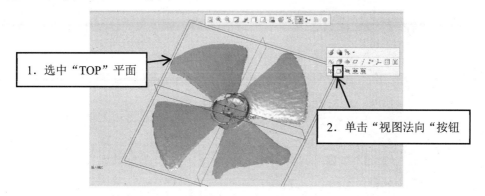

图 5-1-4　视图法向

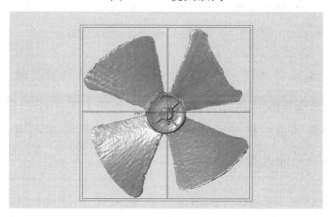

图 5-1-5　视图摆正效果

4．创建基准平面

在"模型"选项卡中单击"基准"组中的"平面"按钮，选中"RIGHT"平面，弹出"基准平面"对话框，按住鼠标左键将控制平面偏移距离的小圆点往左拖动至风扇叶片的轮盘圆心处，然后单击"确定"按钮，完成如图 5-1-6 所示的 DTM1 基准平面的创建。

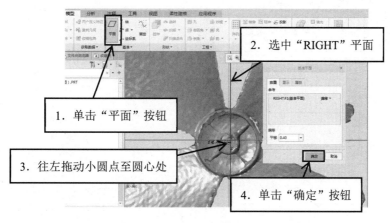

图 5-1-6　DTM1 基准平面的创建

以同样的操作方法，选中"FRONT"平面，按住鼠标左键将控制平面偏移距离的小圆点往下拖动至风扇叶片的轮盘圆心处，然后单击"确定"按钮，完成如图5-1-7所示的DTM2基准平面的创建。

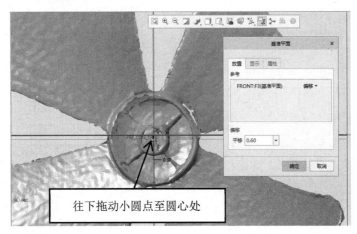

图5-1-7　DTM2基准平面的创建

★**技巧提示**：在草绘截面特征前，若发现导入的小平面特征模型的基准平面不在模型中心处，则为了不影响后续建模的效果，需要通过新建基准平面进行调整。如上述的"RIGHT"平面与"FRONT"平面均不在模型中心处，为了不影响后续建模的效果，通过新建DTM1基准平面和DTM2基准平面进行调整。

隐藏"RIGHT"平面与"FRONT"平面，将DTM1基准平面定义为视图法向方向，视图摆正后的效果如图5-1-8所示，选中"TOP"平面并单击"平面"按钮，按住鼠标左键将控制基准平面偏移距离的小圆点拖动至圆柱轮盘的最右轮廓，然后单击"确定"按钮，完成如图5-1-9所示的DTM3基准平面的创建。

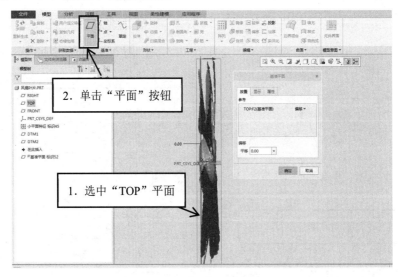

图5-1-8　视图摆正后的效果

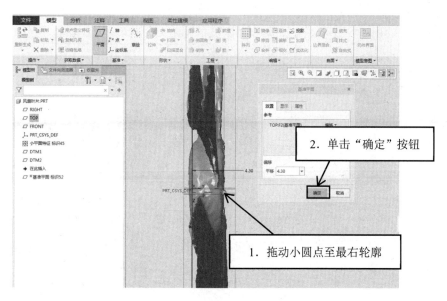

图 5-1-9　DTM3 基准平面的创建

5. 使用"拉伸"命令创建轮盘的圆柱特征

隐藏"TOP"平面，选中"DTM3"基准平面，在弹出的浮动工具条中单击"草绘"按钮，选择草绘平面的操作步骤如图 5-1-10 所示。进入草绘界面后，单击"草绘视图"按钮，将视图摆正。

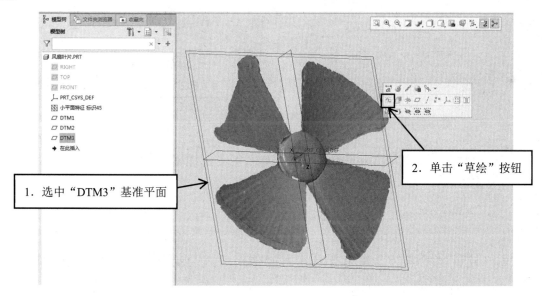

图 5-1-10　选择草绘平面的操作步骤

在"草绘"选项卡中单击"设置"组中的"参考"按钮后，弹出"参考"对话框，按住 Ctrl 键的同时选中对话框中的"RIGHT"平面和"FRONT"平面，单击"删除"按钮将自动生成的参考删除。删除参考的操作步骤如图 5-1-11 所示。

单击"参考"对话框中的"选择"按钮，分别选中"DTM1"基准平面和"DTM2"基准平面，单击"关闭"按钮，完成如图 5-1-12 所示的参考的设置。

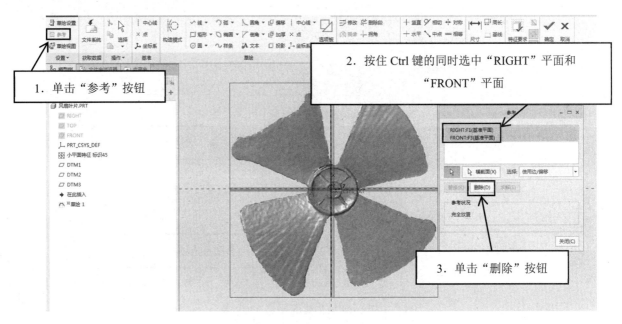

图 5-1-11　删除参考的操作步骤

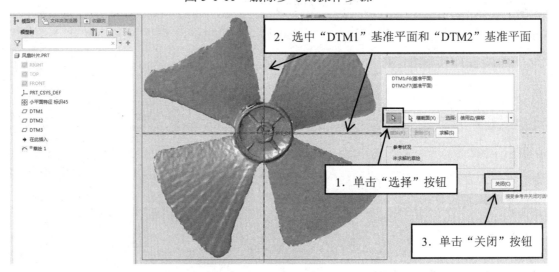

图 5-1-12　参考的设置

★ **技巧提示**：在草绘截面时，若系统自动生成的参考不具备参考作用，则需重新设置新的参考。为了避免过多不必要的因素对用户的使用造成影响，用户可以先把不需要的参考删除掉，再重新设置新的参考。

在草绘界面中，使用"草绘"选项卡中"草绘"组中的"圆"工具，根据扫描数据，如图 5-1-13 所示绘制草图，绘制完成后单击"确定"按钮。

选中绘制完成的草图（即"草绘 1"），在"模型"选项卡中单击"形状"组中的"拉伸"按钮，进入拉伸编辑界面，拉伸草图如图 5-1-14 所示，拖动控制拉伸深度的小圆点至与扫描模型的轮盘圆柱特征上表面平齐的位置，然后单击"确定"按钮，完成轮盘的圆柱特征创建，圆柱特征拉伸效果如图 5-1-15 所示。

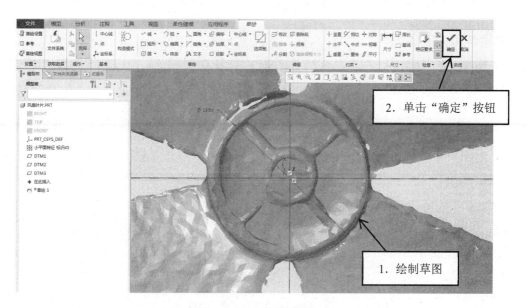

图 5-1-13　绘制草图

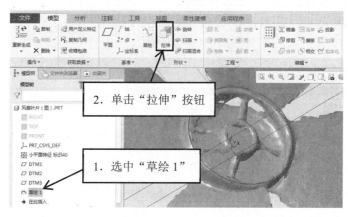

图 5-1-14　拉伸草图

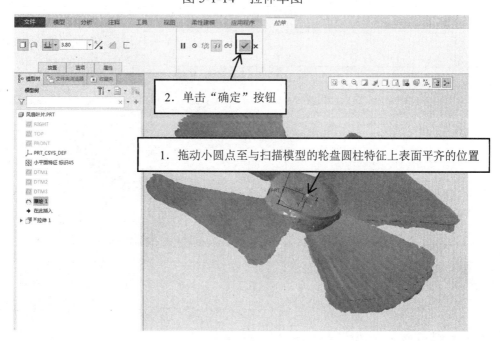

图 5-1-15　圆柱特征拉伸效果

6. 加亮显示小平面特征

选中"模型树"选项卡中的"小平面特征 标识45"选项,在弹出的浮动工具条中单击"编辑定义"按钮,编辑定义小平面特征,如图5-1-16所示。进入小平面编辑界面后,单击"小平面显示"按钮使其处于压下状态后,单击"确定"按钮,完成小平面显示的加亮效果如图5-1-17所示。

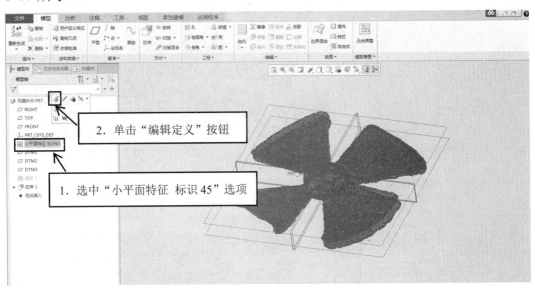

图 5-1-16 编辑定义小平面特征

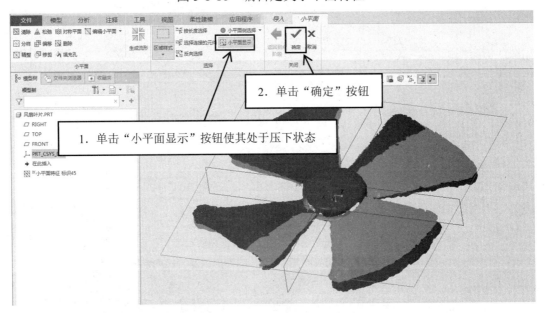

图 5-1-17 完成小平面显示的加亮效果

★ 技巧提示:用户在建模过程中,为了在视觉上能够区分扫描模型特征与建模特征,使两者形成对比,便于后续操作,可通过加亮显示小平面特征来帮助区分两者,加亮后的小平面特征一般默认为红色和绿色。

7. 使用"旋转"命令创建轮盘的上盖特征

选中"DTM2"基准平面，在弹出的浮动工具条中单击"草绘"按钮，进入草绘界面，如图5-1-18所示。

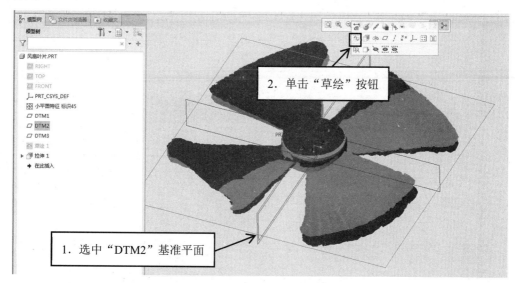

图5-1-18　进入草绘界面

单击图形工具条中的"草绘视图"按钮将视图摆正后，单击"设置"组中的"参考"按钮，弹出"参考"对话框后，按住Ctrl键的同时选中对话框中的"RIGHT"基准平面和"TOP"基准平面，然后单击"删除"按钮，将系统自动生成的参考删除，删除参考的操作步骤如图5-1-19所示。

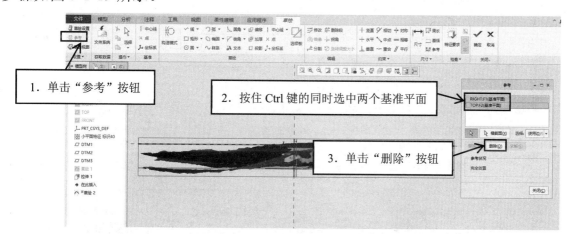

图5-1-19　删除参考的操作步骤

单击"参考"对话框中的"选择"按钮，分别选中"DTM1"基准平面和"DTM3"基准平面，单击"关闭"按钮，如图5-1-20所示完成参考的初步设置。

单击图形工具条中的"修剪模型"按钮，然后单击"设置"组中的"参考"按钮，选中轮盘圆柱特征上表面投影的边作为参考，选中后单击"关闭"按钮。设置参考的操作步骤如图5-1-21所示。

绘制草图如图 5-1-22 所示，首先根据扫描数据，使用"线"与"弧"工具，勾画轮盘上盖旋转特征的外轮廓草图，并约束两段圆弧为"相切"，然后分别将圆弧与水平参考线及垂直参考线的相交处约束为"垂直"，最后使用"中心线"命令绘制旋转中心线，完成草图绘制。

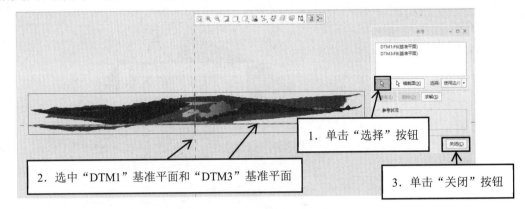

图 5-1-20　参考的初步设置

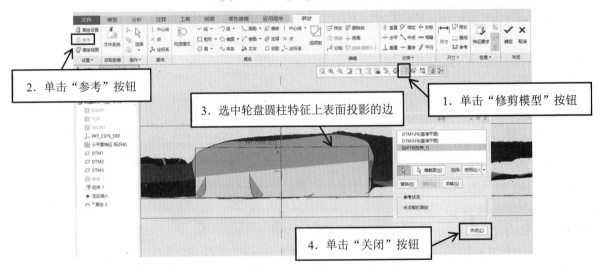

图 5-1-21　设置参考的操作步骤

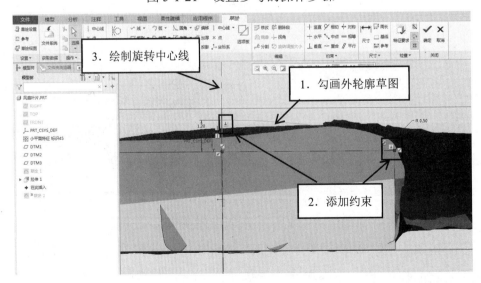

图 5-1-22　绘制草图

选中绘制完成的外轮廓草图（即"草绘2"），在"模型"选项卡中单击"形状"组中的"旋转"按钮，如图 5-1-23 所示旋转草图。进入旋转编辑界面，单击"作为实体旋转"按钮后，单击"确定"按钮，完成轮盘上盖旋转特征的创建，轮盘上盖旋转效果如图 5-1-24 所示。

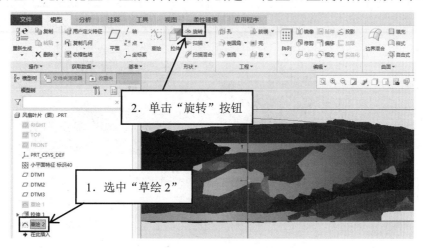

图 5-1-23　旋转草图

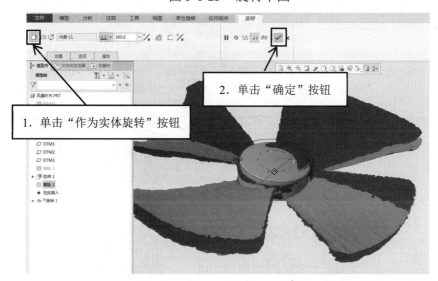

图 5-1-24　轮盘上盖旋转效果

8．使用"壳"命令创建轮盘的抽壳特征

单击圆柱特征底面的任意位置，在"模型"选项卡中单击"工程"组中的"壳"按钮，进入壳编辑界面，如图 5-1-25 所示。进入壳编辑界面后，在"厚度"数值框中输入 0.80，然后单击"确定"按钮，完成轮盘抽壳特征的创建，轮盘抽壳效果如图 5-1-26 所示。

9．使用"拉伸"命令创建轴盘特征

选中轮盘底部平面，在弹出的浮动工具条中单击"草绘"按钮，进入草绘界面，如图 5-1-27 所示。

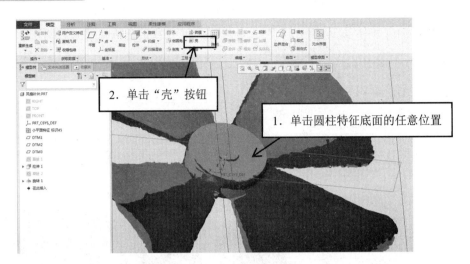

图 5-1-25　进入壳编辑界面

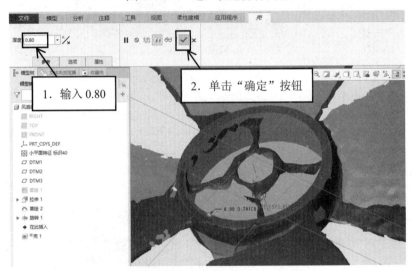

图 5-1-26　轮盘抽壳效果

图 5-1-27　进入草绘界面

　　摆正草绘视图后，单击"设置"组中的"参考"按钮，在弹出的"参考"对话框中，单击"选择"按钮，并选中轮盘内侧的圆作为参考对象，然后单击"关闭"按钮。设置参考的操作步骤如图 5-1-28 所示。

根据扫描数据，绘制轴盘草图（即两个同心圆），单击"确定"按钮，完成如图 5-1-29 所示的轴盘草图的绘制。

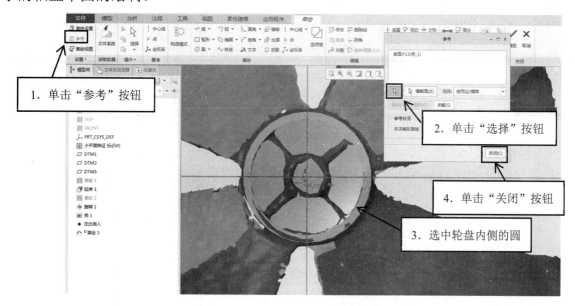

图 5-1-28　设置参考的操作步骤

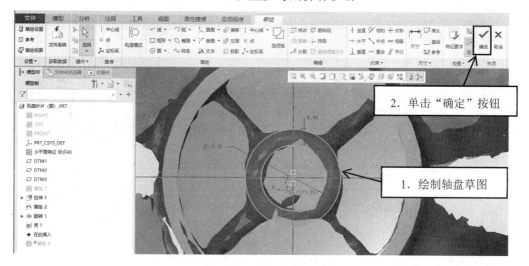

图 5-1-29　轴盘草图的绘制

选中绘制完成的轴盘草图（即"草绘 3"），在"模型"选项卡中单击"形状"组中的"拉伸"按钮，进入拉伸编辑界面的操作步骤如图 5-1-30 所示。进入拉伸编辑界面后，单击"拉伸为实体"按钮，在"拉伸类型"的下拉列表中，选择"拉伸至与所有曲面相交"选项，然后单击"确定"按钮，完成轴盘拉伸特征的创建，轴盘拉伸效果如图 5-1-31 所示。

10．创建 DTM4 基准平面

选中轴盘特征上表面，单击"模型"选项卡中"基准"组中的"平面"按钮，弹出"基准平面"对话框。创建基准平面的操作步骤如图 5-1-32 所示。单击"基准平面"对话框中的"显示"选项卡，勾选"调整轮廓"和"锁定长宽比"复选框，按住鼠标左键拖动控制基准平面轮

廓大小的小方点，将基准平面的轮廓大小调整至合适大小，然后拖动调整基准平面偏移距离
的小圆点至与扫描模型的筋特征高度平齐的位置，调整 DTM4 基准平面轮廓的操作步骤如
图 5-1-33 所示，单击"确定"按钮，完成 DTM4 基准平面的创建。

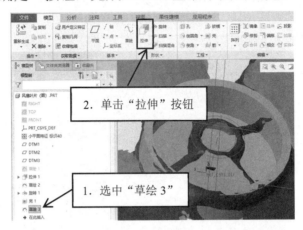

图 5-1-30　进入拉伸编辑界面的操作步骤

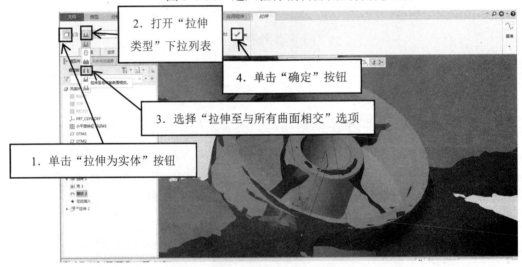

图 5-1-31　轴盘拉伸效果

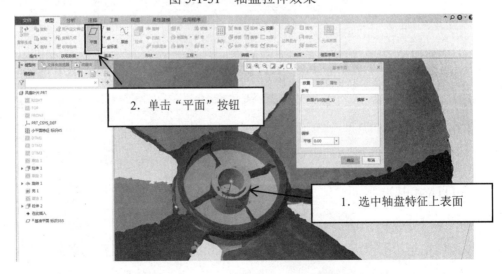

图 5-1-32　创建基准平面的操作步骤

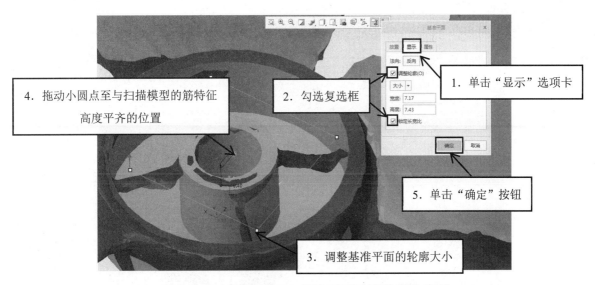

图 5-1-33　调整 DTM4 基准平面轮廓的操作步骤

11．使用"轨迹筋"命令创建并加强筋特征

在"模型"选项卡中，打开"工程"组中的"筋"下拉列表，选择"轨迹筋"选项，如图 5-1-34 所示，进入"筋"界面。单击"放置"选项，在弹出的"放置"对话框中，单击"定义"按钮，选中"DTM4"基准平面作为草绘平面，进入草绘界面。定义筋草绘平面的操作步骤如图 5-1-35 所示。

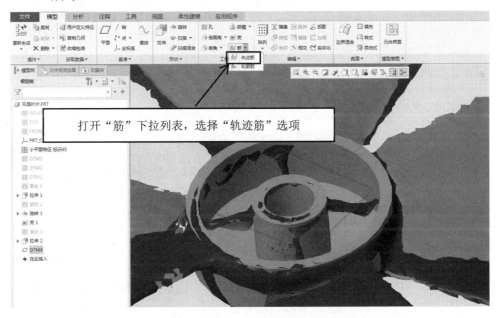

图 5-1-34　进入"筋"界面

摆正草绘视图后，单击"设置"组中的"参考"按钮，将系统自动生成的参考删除掉，并如图 5-1-36 所示将轮盘外圆与轴盘内圆设置为新的参考。设置完成后单击"关闭"按钮，完成参考设置。

以设置的两个参考的圆为边界，使用"草绘"组中的"线"工具，绘制四条与圆的对称中心线夹角为 45°的线，加强筋草图如图 5-1-37 所示。单击"确定"按钮，退出草绘，返回"轨迹筋"界面。

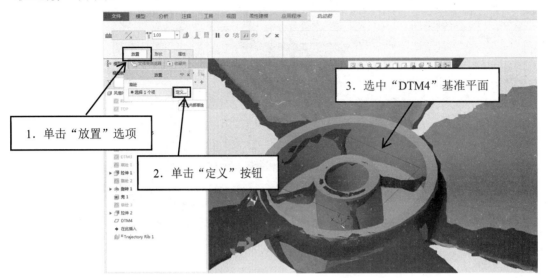

图 5-1-35　定义筋草绘平面的操作步骤

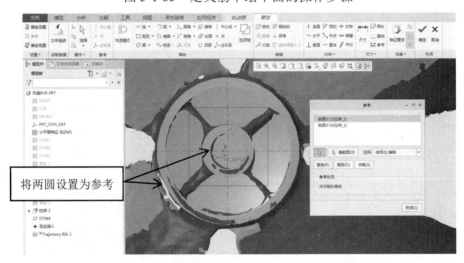

图 5-1-36　将轮盘外圆与轴盘内圆设置为新的参考

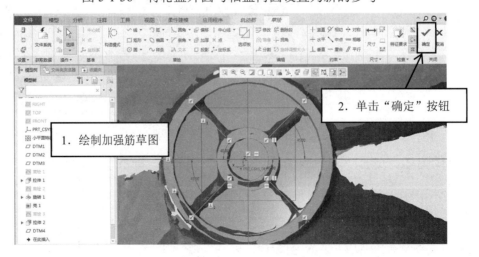

图 5-1-37　加强筋草图

在"筋厚度"数值框中输入 0.80，单击"确定"按钮，完成加强筋特征的创建，加强筋效果图如图 5-1-38 所示。

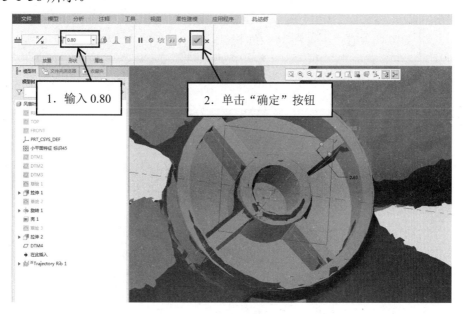

图 5-1-38　加强筋效果图

 技能加油站

筋（肋）是用来加固零件的，也常用来防止出现不必要的折弯。筋（肋）特征的创建过程与拉伸特征基本相似，不同的是筋（肋）特征的截面草图是不封闭的，且截面只是一条直线。Creo 5.0 软件提供了两种筋（肋）特征的创建方法，分别是轨迹筋和轮廓筋。

1. 轨迹筋

轨迹筋一般适用于筋数目较多的情况，如 4 条、6 条、8 条等。如图 5-1-39 所示的本例中的风扇叶片，其内部有 4 条筋，则使用轨迹筋创建比较合适。

2. 轮廓筋

轮廓筋一般适用于筋数目较单一的情况，创建轮廓筋的操作步骤如下。

（1）单击"筋"下拉列表中的"轮廓筋"按钮，如图 5-1-40 所示，选中"RIGHT"基准平面为草绘平面，进入草绘界面。

图 5-1-39　本例中的风扇叶片

（2）设置参考如图 5-1-41 所示，单击"设置"组中的"参考"按钮，分别选中如图 5-1-41 所示的"FRONT"基准平面和两圆弧作为参考对象进行草绘。

（3）摆正视图后，单击"修剪模型"按钮，并如图 5-1-42 所示绘制草图。

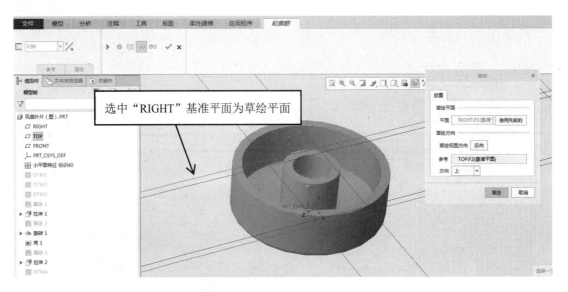

图 5-1-40　选中"RIGHT"基准平面为草绘平面

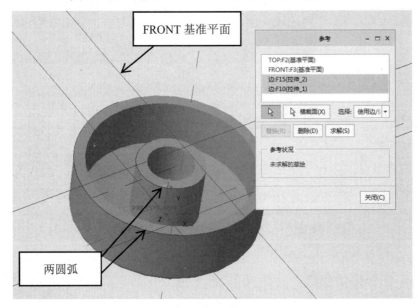

图 5-1-41　设置参考

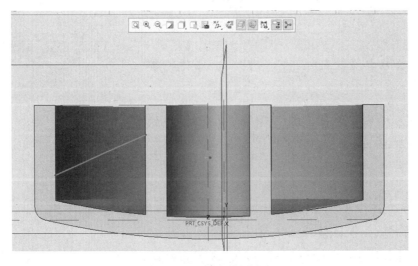

图 5-1-42　绘制草图

（4）调整轮廓筋的厚度完成创建，创建完成后的轮廓筋效果如图 5-1-43 所示。

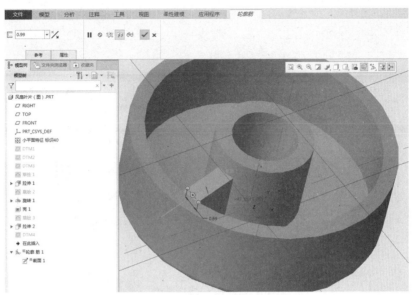

图 5-1-43　创建完成后的轮廓筋效果

12. 创建 DTM5 基准平面

在"模型"选项卡中单击"基准"组中的"平面"按钮，弹出"基准平面"对话框，按住 Ctrl 键的同时选中"DTM1"基准平面和轮盘的中心轴线，在"基准平面"对话框中的"旋转"数值框中输入 45.0，然后单击"确定"按钮，创建 DTM5 基准平面的操作步骤如图 5-1-44 所示。

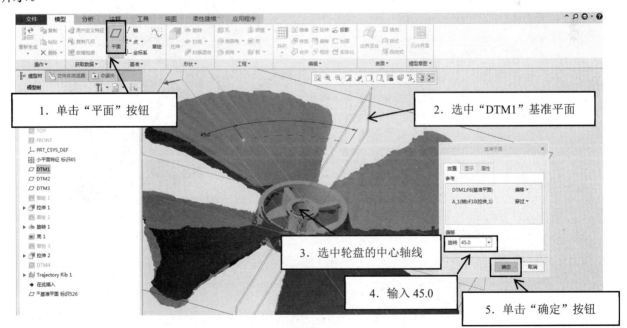

图 5-1-44　创建 DTM5 基准平面的操作步骤

重复上述方法，完成如图 5-1-45 所示的 DTM6 基准平面的创建。

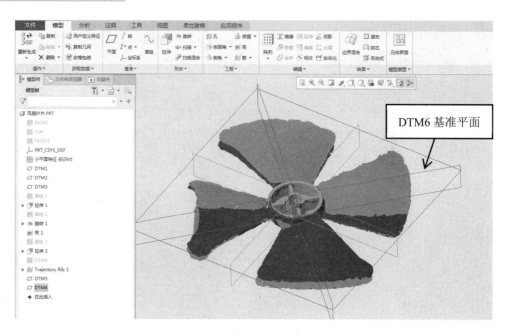

图 5-1-45　DTM6 基准平面的创建

13. 偏移操作

在"模型"选项卡中单击"编辑"组中的"偏移"按钮，选中轮盘表面，进入"偏移"界面，如图 5-1-46 所示。

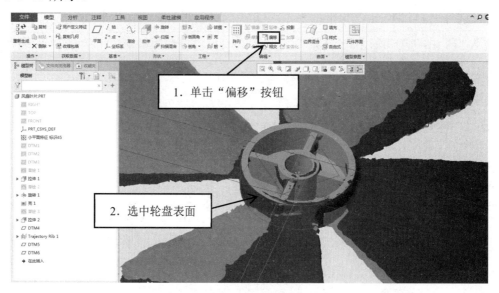

图 5-1-46　进入"偏移"界面

如图 5-1-47 所示选择特征类型，在"偏移"选项卡中，打开"特征类型"下拉列表，选择"具有拔模特征"选项。单击"参考"选项卡，然后单击"定义"按钮，弹出"草绘"对话框后，选中"DTM5"基准平面作为草绘平面。单击"草绘"按钮进入草绘界面，定义草绘平面的操作步骤如图 5-1-48 所示。

在"草绘"选项卡中单击"设置"组中的"参考"按钮，选中轮盘中心轴线作为参考对象，然后单击"关闭"按钮，完成草绘的参考设置。设置参考的操作步骤如图 5-1-49 所示。

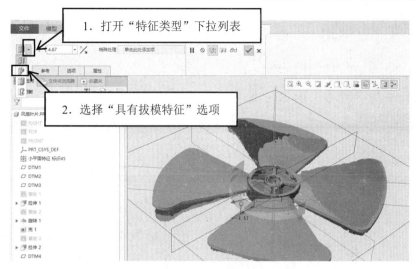

图 5-1-47　选择特征类型

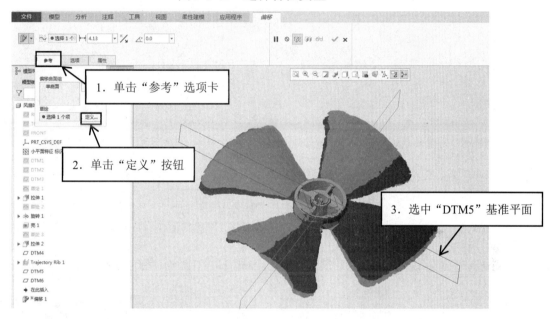

图 5-1-48　定义草绘平面的操作步骤

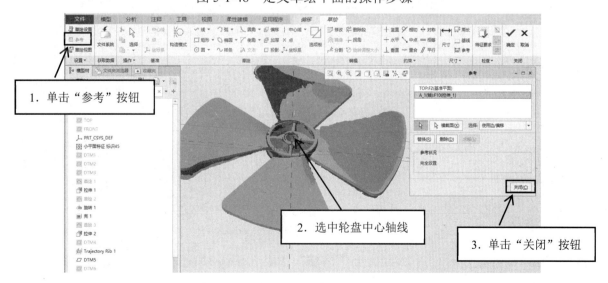

图 5-1-49　设置参考的操作步骤

单击图形工具条中的"草绘视图"按钮将视图摆正，然后单击"修剪模型"按钮，根据扫描数据，如图 5-1-50 所示绘制两同心圆。单击"编辑"组中的"删除段"按钮，如图 5-1-51 所示修剪草图，然后单击"确定"按钮，退出草绘，返回"偏移"界面。

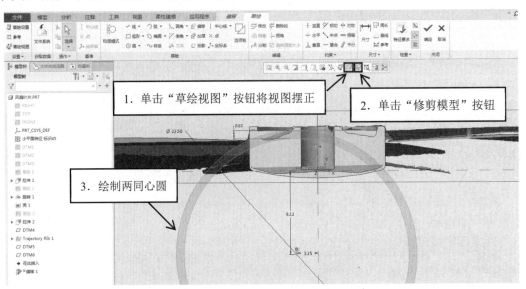

图 5-1-50　绘制两同心圆

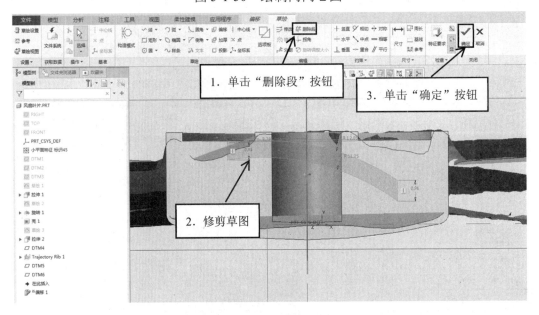

图 5-1-51　修剪草图

在"偏移值"数值框中输入 30.00 后，单击"确定"按钮，完成面的偏移，面的偏移效果如图 5-1-52 所示。

 技能加油站

在做偏移曲面操作时，用户要激活"偏移"工具，就必须先选取一个曲面。"偏移"工具的操控板如图 5-1-53 所示。一般"标准偏移特征"和"拔模偏移特征"两种工具比较常用。

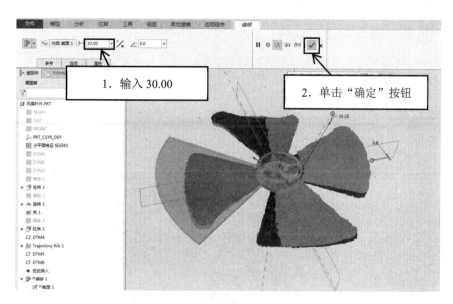

图 5-1-52 面的偏移效果

图 5-1-53 "偏移"工具的操控板

1. 标准偏移特征

标准偏移特征是指从一个实体表面创建偏移的曲面，或者从一个曲面表面创建偏移的曲面，其操作步骤如图 5-1-54 所示。

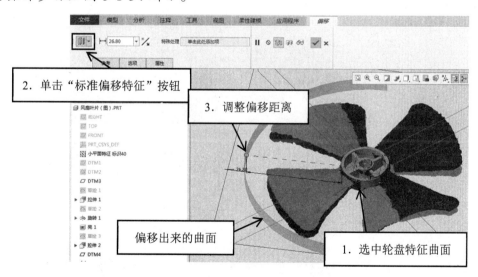

图 5-1-54 标准偏移特征的操作步骤

2. 拔模偏移特征

拔模偏移特征是指在曲面上创建带斜度侧面的区域偏移，可用于实体表面或曲面面组，如本例中的风扇叶片。

123

14．使用"拉伸"命令创建风扇叶片特征

选中"DTM3"基准平面，在弹出的浮动工具条中单击"草绘"按钮，进入草绘界面，如图 5-1-55 所示。

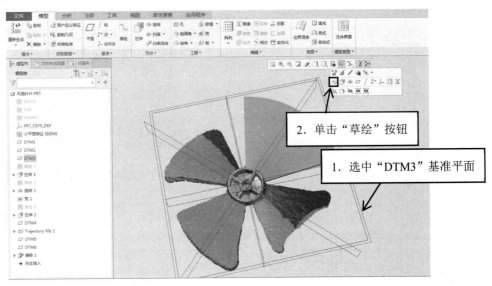

图 5-1-55　进入草绘界面

单击图形工具条中的"草绘视图"按钮将视图摆正后，根据扫描数据及偏移出来的曲面轮廓，绘制如图 5-1-56 所示的风扇叶片草图。单击"确定"按钮，完成草图绘制。

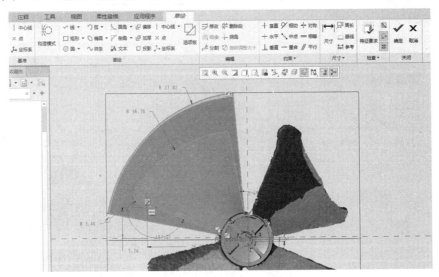

图 5-1-56　风扇叶片草图

选中绘制完成的风扇叶片草图，在"模型"选项卡中单击"形状"组中的"拉伸"按钮，如图 5-1-57 所示进入拉伸编辑界面。进入拉伸编辑界面后，单击"拉伸为实体"按钮，拖动小圆点调整拉伸深度至穿过扫描模型的叶片处特征。拉伸风扇叶片的操作步骤如图 5-1-58 所示。单击"移除材料"按钮后，再单击"确定"按钮，完成风扇叶片特征的创建，风扇叶片特征效果如图 5-1-59 所示。

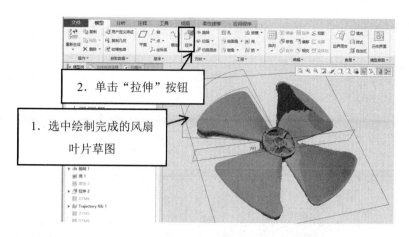

图 5-1-57　进入拉伸编辑界面

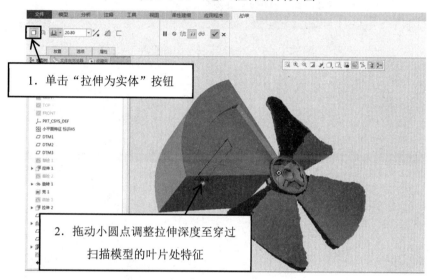

图 5-1-58　拉伸风扇叶片的操作步骤

15．叶片棱边倒圆角

如图 5-1-60 所示对叶片棱边倒圆角，使用"倒圆角"工具，对上一步创建的叶片的棱边处进行倒圆角操作，圆角半径为 2.50。

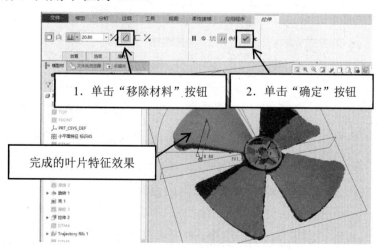

图 5-1-59　风扇叶片特征效果

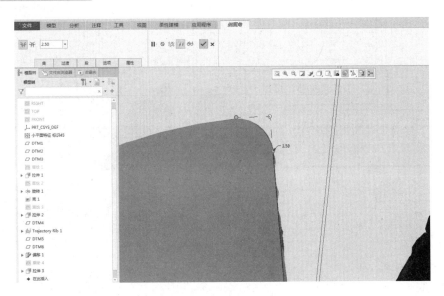

图 5-1-60　对叶片棱边倒圆角

16. 创建分组

按住 Ctrl 键的同时在"模型树"选项卡中选择叶片创建过程的 4 个特征，然后在弹出的浮动工具条中单击"分组"按钮，进行分组操作，如图 5-1-61 所示。

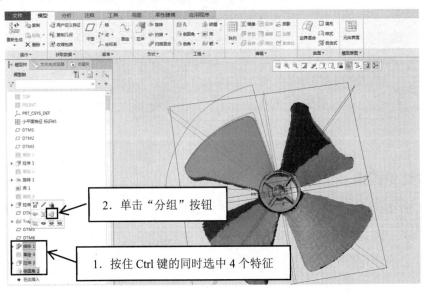

图 5-1-61　进行分组操作

★**技巧提示**：用户在对几个特征进行编辑的过程中，若需要同时对几个特征进行阵列、镜像等编辑操作，为节省操作时间，可以在编辑前先通过"分组"命令，对这些特征进行分组，然后选择对"组"进行相应的编辑操作，这样可以加快工作进程（如上述操作中对叶片的分组），使接下来的阵列操作更加方便、快捷。

17. 使用"阵列"命令对叶片进行阵列操作

选中"模型树"选项卡中创建的分组，在弹出的浮动工具条中单击"阵列"按钮，如

图 5-1-62 所示进入阵列操作界面。

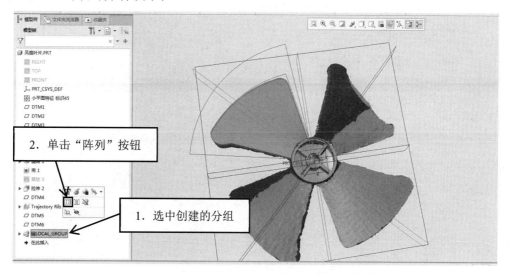

图 5-1-62　进入阵列操作界面

在"阵列"选项卡中，打开"阵列类型"下拉列表，选择"轴"选项，然后单击轮盘中心轴，输入阵列数目 4、阵列角度 90.0，单击"确定"按钮，完成叶片的阵列操作，如图 5-1-63 所示。叶片阵列后的效果如图 5-1-64 所示。

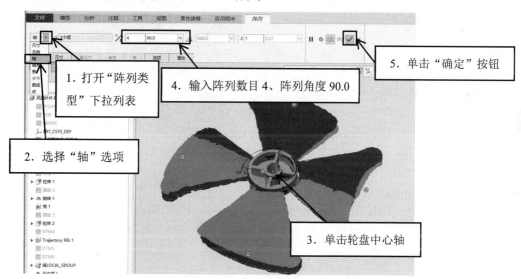

图 5-1-63　完成叶片的阵列操作

18. 隐藏小平面特征

隐藏小平面特征后，得到如图 5-1-65 所示的风扇叶片效果图。

19. 保存为 STL 文件

参照项目一中文件保存的操作，将文件另存为"风扇叶片.stl"，将弦高设置为 0.01。保存文件的操作步骤如图 5-1-66 所示。

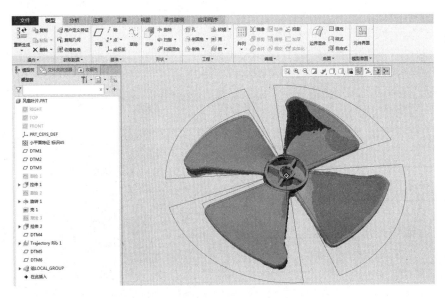

图 5-1-64　叶片阵列后的效果

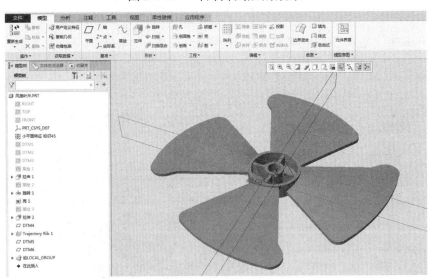

图 5-1-65　风扇叶片效果图

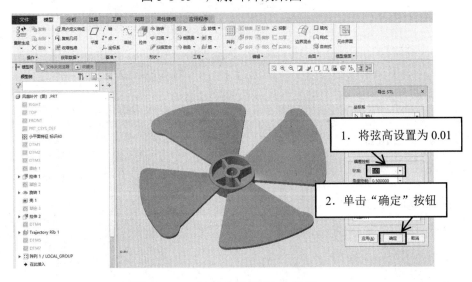

1. 将弦高设置为 0.01

2. 单击"确定"按钮

图 5-1-66　保存文件的操作步骤

逆向建模任务评价表

序号	检测项目	配分	评分标准	自评	组评	师评
1	轮盘特征	15	是否有该特征，无则全扣			
2	轴盘特征	10	是否有该特征，无则全扣			
3	加强筋特征	20	是否有该特征，无则全扣			
4	叶片特征	25	是否有该特征，无则全扣			
5	倒圆角特征	5	是否有该特征，无则全扣			
6	文件导出	10	导出文件弦高设置是否正确			
7	与原模型匹配程度	10	根据逆向建模匹配程度酌情评分			
8	其他	5	根据是否出现其他问题酌情评分			
9			合计			
	互评学生姓名					

任务二　3D打印

1．导入文件

双击切片软件图标启动该软件。单击"载入"按钮，选择上一步导出的"风扇叶片.stl"文件，单击"打开"按钮，导入后的风扇叶片模型摆放图如图5-2-1所示。

切片操作视频

2．摆正模型

单击"旋转"按钮旋转物体，在打开的如图5-2-2所示的"旋转物体"对话框中，将X轴数值改为-20，Y轴数值改为-16，即可如图5-2-3所示将模型摆正。

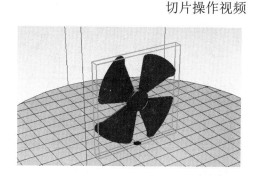

图5-2-1　导入后的风扇叶片模型摆放图

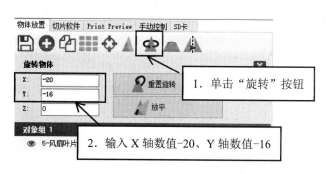

图5-2-2　"旋转物体"对话框

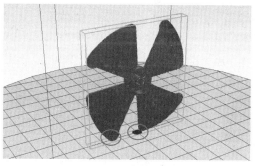

图5-2-3　将模型摆正

📖 **知识加油站**

模型摆放原则：

（1）摆放风扇叶片时，由于其扇叶是曲面，故摆放时应尽量使曲面垂直水平面，以保证打印质量。

（2）为保证打印的平稳性，需有两个叶片的顶点接触水平面（见图5-2-3）。

3. 切片软件设置

（1）单击"切片软件"按钮，输入打印速度为60~70mm/s，质量为0.2mm，填充密度为100%。单击"配置"按钮，设置速度参数保持默认并输入质量参数为0.2mm，设置完成后单击"保存"按钮，将参数保存。

（2）单击"结构"按钮，如图5-2-4所示设置参数，外壳厚度和顶层/底层厚度均为1.2mm，在"支撑图案"的下拉列表中选择"格子"选项，填充数量输入20，其余参数保持默认。

（3）单击"挤出"选项卡，如图5-2-5所示设置回抽速度，输入回抽速度为30mm/s，其余保持默认，设置完成后单击"保存"按钮，将参数保存。

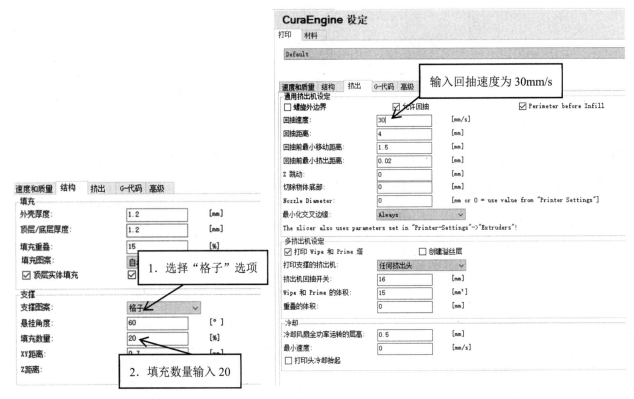

图 5-2-4　设置参数　　　　　　　　图 5-2-5　设置回抽速度

 技能加油站

由于风扇叶片模型较薄，为保证打印质量，故将填充密度设置成100%，以加强制件的强度。

1. 支撑角度

支撑角度（又称支撑临界角度）指生成支撑的模型与垂直方向的最小夹角。支撑角度越大，切片软件自动生成的支撑越少，这种情况下的支撑比较好去除，但容易导致悬空的面出现下垂；支撑角度越小，切片软件自动生成的支撑越多，打印成功率越高，但这种情况下的打印时间较长，同时支撑去除较为麻烦。通常，支撑角度一般设置为 55°，此时打印出的模型支撑效果最好。

2．回抽距离

回抽距离是回抽最重要的设置，它决定了有多少塑料会从喷嘴中拉回。一般来说，从喷嘴中拉回的塑料越多，喷嘴移动时，越不容易垂料。大多数直接驱动的挤出机，只需要 0.5～2.0mm 的回抽距离，一些波顿挤出机，可能需要高达 15mm 的回抽距离，该种挤出机驱动齿轮和热喷嘴之间的距离更大。如果打印件出现拉丝问题，可尝试增加回抽距离，如每次增加 1mm 并观察拉丝的改善情况。

3．回抽速度

回抽速度决定了线材从喷嘴抽离的快慢程度。如果回抽太慢，塑料将会从喷嘴中垂出来，进而在移动到新的位置之前开始泄漏；如果回抽太快，线材可能与喷嘴中的塑料断开，甚至驱动齿轮的快速转动并刨掉线材表面部分。回抽速度介于 1200～6000mm/min(20～100mm/s) 时，回抽效果较好。最理想的回抽速度值，需根据实际使用的材料进行试验，以此确定不同的速度减少的不同拉丝量。

4．切片导出

单击"开始切片"按钮进行切片，切片完成后，单击"保存"按钮，将切片数据导出到 SD 卡中，文件保存类型为 GCode，然后将 SD 卡插进 3D 打印机进行打印。

3D 打印任务评价表

序号	检测项目	配分	评分标准	自评	组评	师评
1	打印操作	15	是否进行调平（10）			
			操作是否规范（5）			
2	整体外观	10	外观是否光顺无断层、无溢料			
3	圆柱特征	15	圆柱特征是否残缺			
4	叶片特征	20	叶片特征是否残缺			
5	加强筋特征	10	加强筋特征是否残缺			
6	孔特征	10	孔特征是否残缺			
7	支撑处理	10	支撑是否去除干净、无毛刺			
8	其他	10	根据是否出现其他问题酌情评分			
9			合计			
	互评学生姓名					

项目拓展

完成如图 5-2-6 所示叶片的逆向建模与 3D 打印。

图 5-2-6　叶片

项目六
电吹风外壳逆向建模与 3D 打印

项目描述 --●

外壳是电吹风的外观件，也是重要的支撑件，由 ABS 材料注塑而成。为了造型的美观，该零件包含较多的曲面特征，适合运用边界混合命令完成建模。

项目目标 --●

1. 熟练掌握边界混合命令。
2. 掌握样条曲线曲率处理方法。
3. 掌握两曲面之间的拼接方法。
4. 掌握该零件的 3D 打印成型方法。

项目完成效果图 --●

完成后的电吹风外壳效果图如图 6-1-1 所示。

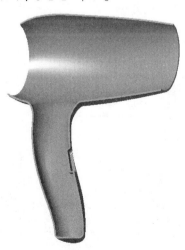

图 6-1-1　完成后的电吹风外壳效果图

项目实施

任务一　逆向建模

逆向建模步骤视频

1．导入数据

导入"电吹风外壳"扫描数据，并对小平面进行分样精简。模型导入并分样后的效果如图 6-1-2 所示。

2．摆正视图

选中"TOP"平面，单击图形工具条中的"已保存方向"按钮，在展开的下拉列表中选择"视图法向"选项，摆正后的视图效果如图 6-1-3 所示。

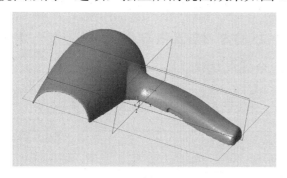

图 6-1-2　模型导入并分样后的效果

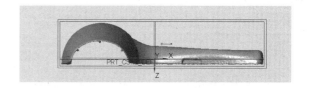

图 6-1-3　摆正后的视图效果

3．创建 DTM1 基准平面

选中"FRONT"基准平面，在"模型"选项卡中单击"基准"组中的"平面"按钮，弹出"基准平面"对话框后，在"平移"数值框中输入数值 4.50，并单击"确定"按钮。创建 DTM1 基准平面的操作步骤如图 6-1-4 所示。

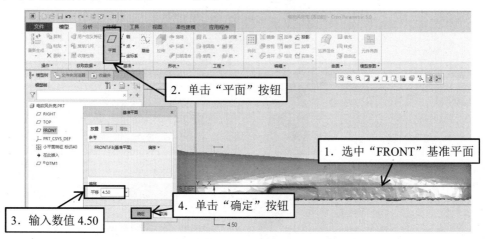

图 6-1-4　创建 DTM1 基准平面的操作步骤

4．摆正视图

参照前面项目中介绍的方法将视图摆正，摆正后的视图效果如图 6-1-5 所示。

5．创建 DTM2 基准平面

选中"TOP"基准平面，重复上述创建基准平面的操作，在"平移"数值框中输入平移距离 71.60，然后单击"确定"按钮。创建完成的 DTM2 基准平面如图 6-1-6 所示。

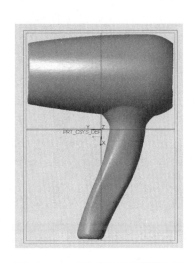
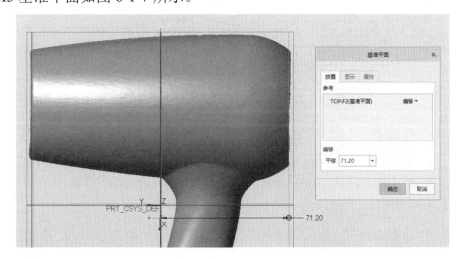

图 6-1-5　摆正后的视图效果　　　　图 6-1-6　创建完成的 DTM2 基准平面

6．创建 DTM3 基准平面

选中"TOP"基准平面，重复上述操作，在"平移"数值框中输入平移距离 71.20。创建完成的 DTM3 基准平面如图 6-1-7 所示。

图 6-1-7　创建完成的 DTM3 基准平面

7．创建 DTM4 基准平面

选中"RIGHT"基准平面，重复上述操作，在"平移"数值框中输入平移距离 50.30。创建完成的 DTM4 基准平面如图 6-1-8 所示。

8．创建 DTM5 基准平面

选中"RIGHT"基准平面，重复上述操作，在"平移"数值框中输入平移距离 101.00。创建完成的 DTM5 基准平面如图 6-1-9 所示。

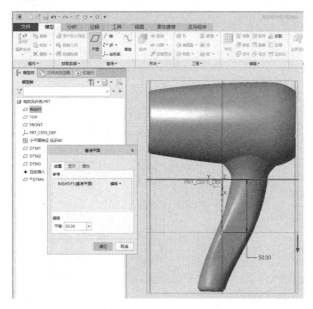

图 6-1-8　创建完成的 DTM4 基准平面　　　图 6-1-9　创建完成的 DTM5 基准平面

9．使用"截面"命令获取模型截面形状

在"模型"选项卡中单击"曲面"组中的"曲面"按钮，在展开的下拉列表中，如图 6-1-10 所示，选择"重新造型"选项。

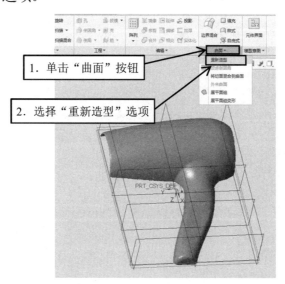

1．单击"曲面"按钮

2．选择"重新造型"选项

图 6-1-10　进入重新造型编辑界面的操作步骤

进入重新造型编辑界面后，单击"曲线"组中的"曲线"按钮，在展开的下拉列表中，如图 6-1-11 所示选择"截面"选项。依次单击选中 TOP、RIGHT、DTM2、DTM3、DTM4、DTM5 几个平面，得到如图 6-1-12 所示的截面图形。

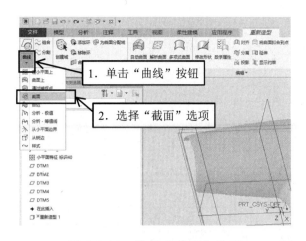

图 6-1-11 选择"截面"选项

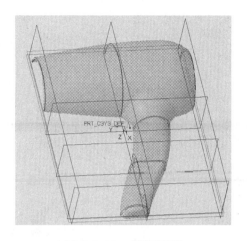

图 6-1-12 截面图形

如图 6-1-13 所示删去不需要的截面,并单击"确定"按钮。

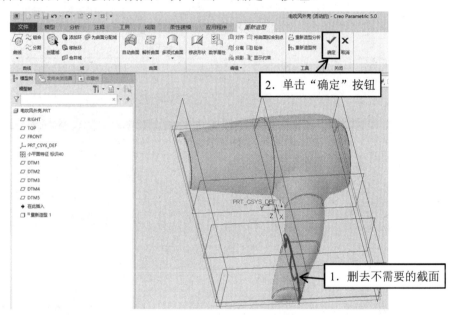

图 6-1-13 删去不需要的截面

10．隐藏"FRONT"平面

在"模型树"选项卡中,选择"FRONT"选项,在弹出的浮动工具条中单击"隐藏"按钮。

11．创建电吹风外壳的曲面轮廓线草绘

在"模型"选项卡中单击"基准"组中的"草绘"按钮,弹出"草绘"对话框,选中"DTM1"基准平面,在展开的"方向"下拉列表中,选择"下"选项,调整模型摆放效果,如图 6-1-14 所示,调整完成后单击"草绘"按钮。

进入草绘界面,单击"草绘"组中的"样条"按钮,参考电吹风外壳的扫描数据,绘制主体外轮廓样条曲线,如图 6-1-15 所示。

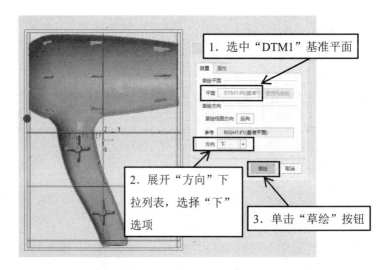

图 6-1-14　调整模型摆放效果

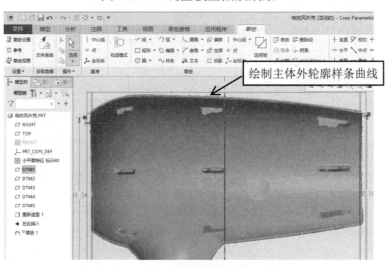

图 6-1-15　绘制主体外轮廓样条曲线

　　双击绘制完成的样条曲线，进入样条编辑界面，单击"曲率分析工具"按钮，在"比例"数值框中输入 50，移动调整样条曲线与电吹风外壳轮廓的重合度，使曲率图线都在同一侧，然后单击"确定"按钮。调整样条曲线的操作步骤如图 6-1-16 所示。

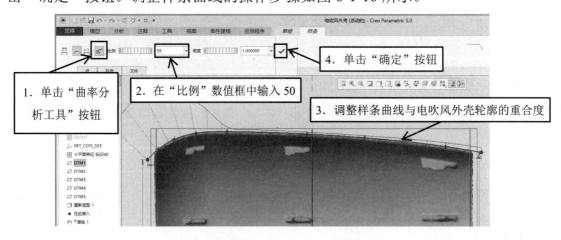

图 6-1-16　调整样条曲线的操作步骤

重复上述操作，绘制并调整电吹风样条曲线的另一边，如图6-1-17所示。单击"确定"
按钮，完成"草绘1"的绘制。

图6-1-17　绘制并调整电吹风样条曲线的另一边

12．创建PNT0点

在"模型"选项卡中单击"基准"组中的"点"按钮，弹出"基准点"对话框，按住Ctrl
键选中"DTM2"基准平面和样条曲线1，创建PNT0点，如图6-1-18所示。

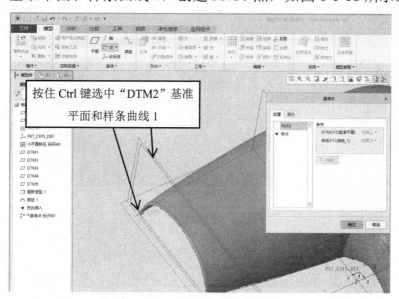

图6-1-18　创建PNT0点

13．创建PNT1点

单击"基准点"对话框中的"新点"选项，按住Ctrl键选中"DTM2"基准平面和样条曲
线2，创建PNT1点，如图6-1-19所示。

14．创建PNT2～PNT5点

重复上述操作，如图6-1-20所示，依次创建PNT2～PNT5四个点。

15．绘制主体曲面出风口截面草图

在"模型"选项卡中单击"基准"组中的"草绘"按钮，弹出"草绘"对话框后，选中

"DTM2"基准平面，单击"草绘"按钮并摆正草绘视图，进入草绘界面。单击"草绘"组中的"椭圆"按钮，连接 PNT0 和 PNT1 两个点，绘制图线，应用"修剪"命令，修剪椭圆左边轮廓。创建主体曲面出风口截面草图的操作步骤如图 6-1-21 所示，由此完成草图绘制。

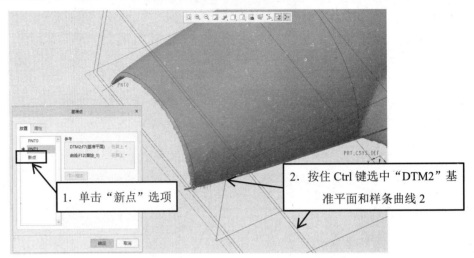

图 6-1-19　创建 PNT1 点

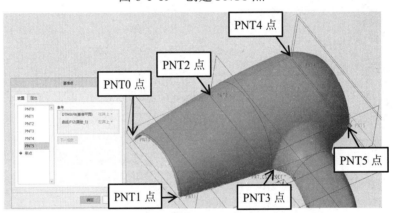

图 6-1-20　依次创建 PNT2～PNT5 四个点

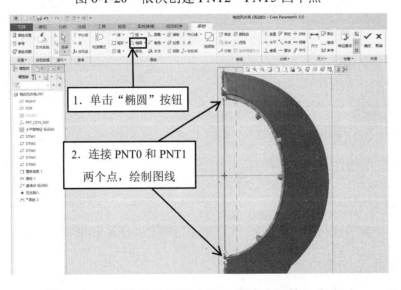

图 6-1-21　创建主体曲面出风口截面草图的操作步骤

★**技巧提示**：绘制草图时，曲线的两个端点需与PNT0、PNT1两个参考点重合；在绘制草绘3曲线时，曲线的两个端点亦需与PNT2、PNT3两个参考点重合；在绘制草绘4曲线时，曲线的两个端点仍需与PNT4、PNT5两个参考点重合。

16．绘制主体曲面中部截面草图

选中"TOP"平面，在弹出的浮动工具条中单击"草绘"按钮，进入草绘界面。单击图形工具条中的"草绘视图"按钮，然后单击图形工具条中的"修剪模型"按钮，得到如图6-1-22所示的修剪模型效果图。

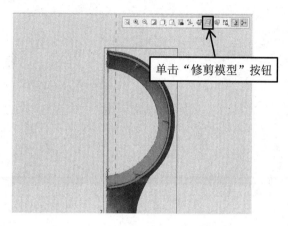

单击"修剪模型"按钮

图6-1-22　修剪模型效果图

单击"草绘"组中的"椭圆"按钮，选择PNT2、PNT3两个参考点，绘制椭圆。应用"修剪"命令，修剪椭圆左边图线，如图6-1-23所示绘制主体曲面中部截面草图，最后单击"确定"按钮，完成草图的绘制。

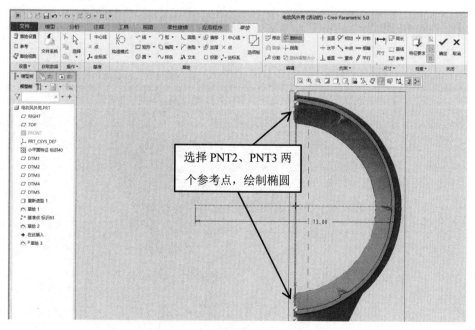

选择PNT2、PNT3两个参考点，绘制椭圆

图6-1-23　绘制主体曲面中部截面草图

17．绘制主体曲面入风口截面草图

选中"DTM3"基准平面，重复前述操作，完成如图 6-1-24 所示的电吹风外壳入风口截面草图的绘制。

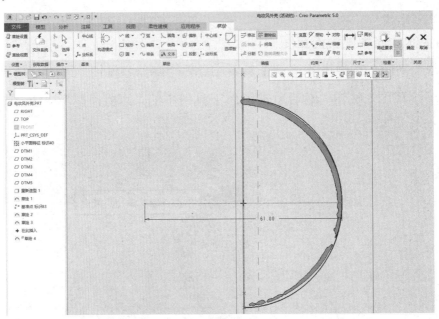

图 6-1-24　电吹风外壳入风口截面草图的绘制

18．使用"边界混合"命令创建主体曲面

在"模型"选项卡中单击"曲面"组中的"边界混合"按钮，进入边界混合编辑界面。单击"第一方向链收集器"按钮后，按住 Ctrl 键，选中样条曲线 1 和样条曲线 2。选择第一方向链曲线的操作步骤如图 6-1-25 所示。

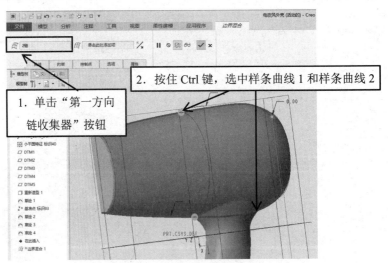

图 6-1-25　选择第一方向链曲线的操作步骤

单击"第二方向链收集器"按钮，按住 Ctrl 键，依次选中草绘 2～草绘 4 绘制的三条椭圆弧。选择第二方向链曲线的操作步骤如图 6-1-26 所示。

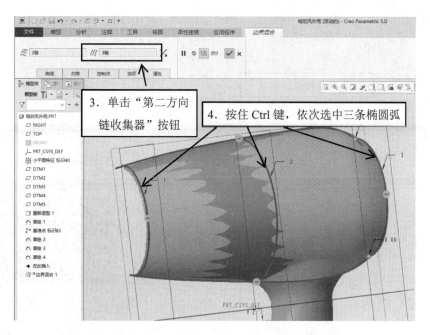

图 6-1-26　选择第二方向链曲线的操作步骤

　　移动光标至 PNT2 点的约束上，长按鼠标右键，在弹出的浮动约束菜单中，选中"垂直"单选按钮，如图 6-1-27 所示修改 PNT2 点上的约束属性。以同样的操作方法，修改 PNT3 点上的约束属性为"垂直"。

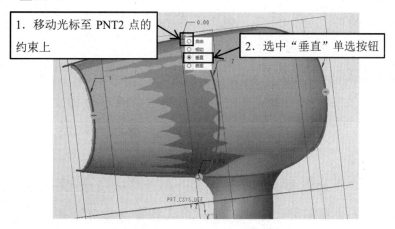

图 6-1-27　修改 PNT2 点上的约束属性

　　★**技巧提示**：修改边界混合第一方向链曲线与第二方向链曲线的边界约束方式有两种方法：一是移动光标至约束符号上，长按鼠标右键，在弹出的浮动约束菜单中，选择需要的约束；二是单击边界混合编辑界面的"约束"选项卡，选中相应曲线，在"条件"下拉列表中选择需要的约束。方法二中修改边界约束的操作步骤如图 6-1-28 所示。

　　单击"确定"按钮，完成主体曲面的创建，主体曲面边界混合完成后的效果如图 6-1-29 所示。

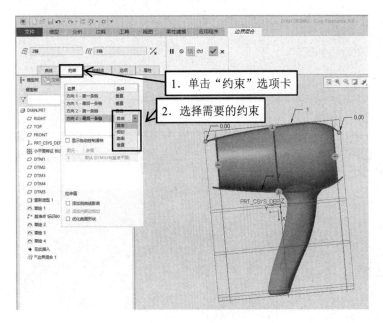

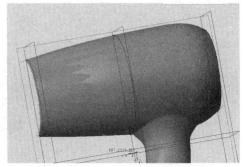

图 6-1-28　方法二中修改边界约束的操作步骤　　　图 6-1-29　主体曲面边界混合完成后的效果

📖 **知识加油站**

边界混合有在一个方向上创建边界混合和在两个方向上创建边界混合两种方式。利用"边界混合"工具，可在参考图元（它们在一个或两个方向上定义曲面）之间创建边界混合的特征。在每个方向选定的第一个和最后一个图元上定义曲面的边界。添加更多的参考图元（如控制点和边界条件）能使用户更完整地定义曲面形状。

选择参考图元的规则如下。

（1）曲线、零件边、基准点、曲线或边的端点均可作为参考图元使用。

（2）在每个方向上，都必须按连续的顺序选择参考图元。不过，可对参考图元进行重新排序。

对于在两个方向上定义的混合曲面来说，其外部边界必须形成一个封闭的环，这意味着其外部边界必须相交。若边界不终止于相交点，系统将自动修剪这些边界，并使用有关部分。为混合而选定的曲线不能包含相同的图元数。

1. 在一个方向上创建边界混合

（1）单击"第一方向链收集器"按钮，按住 Ctrl 键，依次选择参考图元，第一条或最后一条链可以为点或者顶点，如图 6-1-30 所示。

（2）单击"第一方向链收集器"按钮，按住 Ctrl 键，依次选中如图 6-1-31 所示的各参考曲线。

（3）单击"第一方向链收集器"按钮，按住 Ctrl 键，依次选中如图 6-1-32 所示的各端点重合的边界曲线。

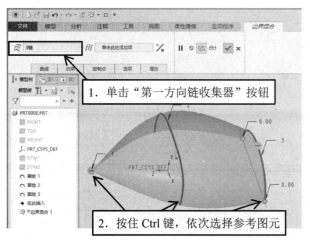

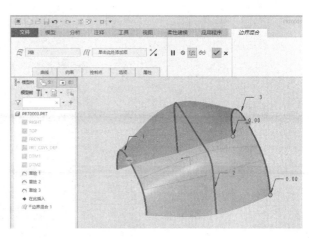

图 6-1-30　第一条或最后一条链可以为点或者顶点　　　　图 6-1-31　各参考曲线

2. 在两个方向上创建边界混合

在"模型"选项卡中单击"曲面"组中的"边界混合"按钮，进入边界混合编辑界面，单击"第一方向链收集器"按钮，按住 Ctrl 键，依次选择各图元。单击"第二方向链收集器"按钮，按住 Ctrl 键，依次选择各图元。两个方向上的边界混合如图 6-1-33 所示。

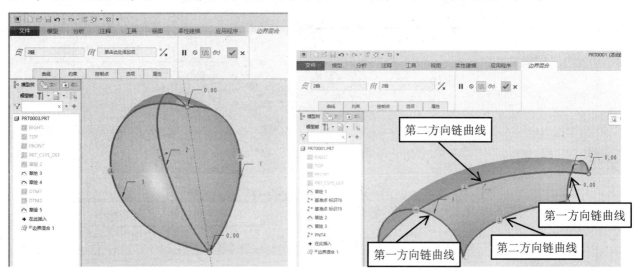

图 6-1-32　各端点重合的边界曲线　　　　图 6-1-33　两个方向上的边界混合

19. 绘制切割曲面草图

选中"RIGHT"平面，在弹出的浮动工具条中单击"草绘"按钮，进入草绘界面。单击图形工具条中的"草绘视图"按钮，摆正草绘视图。单击图形工具条上的"修剪模型"按钮，应用"圆"命令，绘制如图 6-1-34 所示的草绘 5。

20. 创建切割曲面特征

在"模型"选项卡中单击"形状"组中的"拉伸"按钮，进入拉伸编辑界面。单击"拉伸为曲面"按钮，拖动控制深度的小圆点至主体曲面特征的中间位置，单击"移除材料"按钮，选择创建的电吹风外壳曲面，然后单击"确定"按钮。拉伸草绘 5 的操作步骤如图 6-1-35 所示。

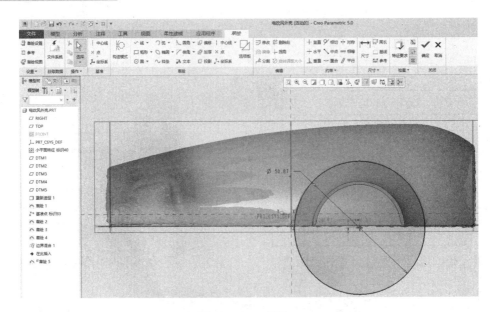

图 6-1-34　草绘 5

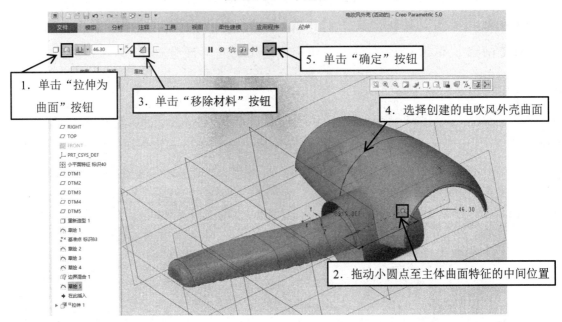

图 6-1-35　拉伸草绘 5 的操作步骤

21. 绘制手柄特征轮廓草图

选中"DTM1"基准平面，在弹出的浮动工具条中单击"草绘"按钮，进入草绘界面并摆正草绘视图。参照步骤 14，单击"草绘设置"按钮，调整草绘视图方向，如图 6-1-36 所示。

设置参考点和参考线。首先隐藏小平面特征，然后单击"设置"组中的"参考"按钮，弹出"参考"对话框后，选中曲线 1、点 1、曲线 2 及点 2，选择完成后单击"关闭"按钮。选取参考点及参考线的操作步骤如图 6-1-37 所示。

单击"草绘"组中的"样条"按钮，从点 1 出发，沿着电吹风外壳手柄轮廓绘制曲线 3，如图 6-1-38 所示，约束其与参考曲线 1 相切。

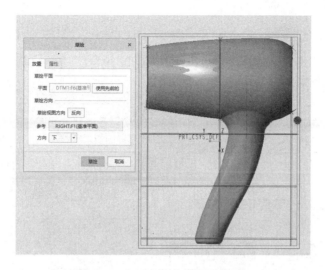

图 6-1-36　调整草绘视图方向

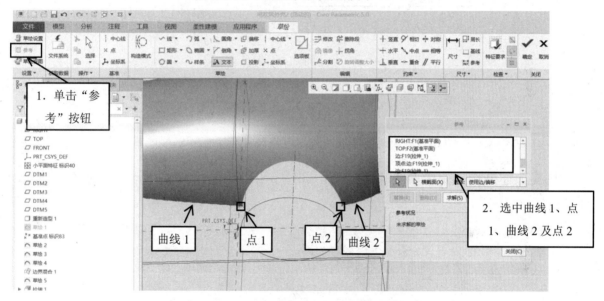

图 6-1-37　选取参考点及参考线的操作步骤

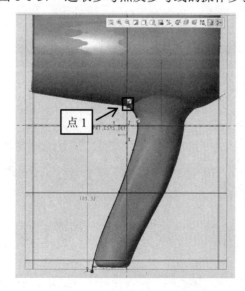

图 6-1-38　绘制曲线 3

双击绘制完成的样条曲线，进入样条编辑界面，单击"曲率分析工具"按钮，调整样条曲线与电吹风外壳手柄轮廓线的重合度，如图 6-1-39 所示，最后单击"确定"按钮。

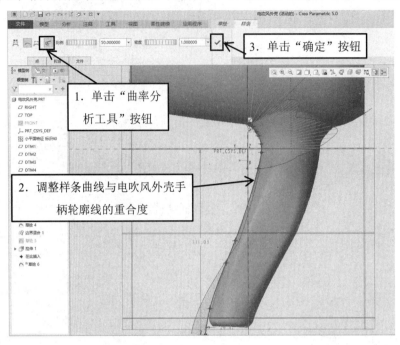

图 6-1-39　调整样条曲线与电吹风外壳手柄轮廓线的重合度

重复上述操作，完成曲线 4 的绘制，如图 6-1-40 所示。单击"确定"按钮，完成草图的绘制。

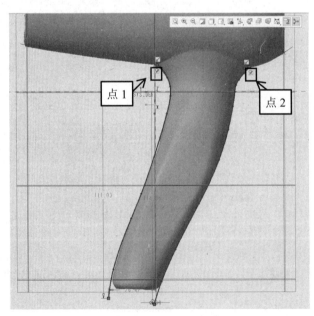

图 6-1-40　曲线 4 的绘制

22．创建 PNT6 基准点

在"模型"选项卡中单击"基准"组中的"点"按钮，弹出"基准点"对话框后，按住

Ctrl 键选中"RIGHT"基准平面和样条曲线 3，完成如图 6-1-41 所示的 PNT6 基准点的创建。

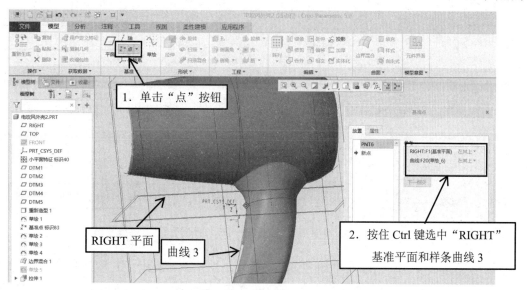

图 6-1-41　PNT6 基准点的创建

23. 创建 PNT7～PNT11 五个基准点

重复上述操作，分别选中"RIGHT"基准平面与样条曲线 4，"DTM4"基准平面与样条曲线 3，"DTM4"基准平面与样条曲线 4，"DTM5"基准平面与样条曲线 3，"DTM5"基准平面与样条曲线 4，分别完成 PNT7～PNT11 五个基准点的创建，如图 6-1-42 所示。

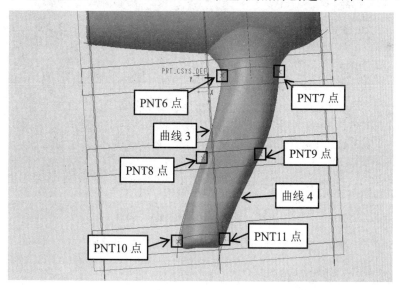

图 6-1-42　PNT7～PNT11 五个基准点的创建

24. 绘制手柄特征上部截面草图

选中"RIGHT"基准平面，在弹出的浮动工具条中单击"草绘"按钮，进入草绘界面。单击"设置"组中的"参考"按钮，弹出"参考"对话框后，如图 6-1-43 所示选择 PNT6、PNT7 点，选择完成后单击"关闭"按钮。

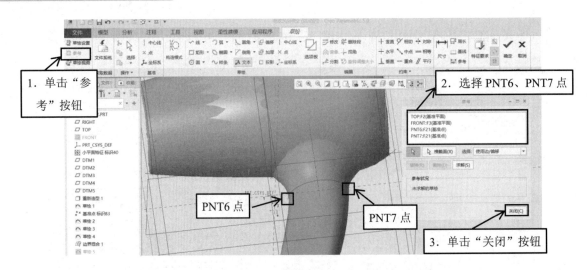

图 6-1-43　选择 PNT6、PNT7 点

首先单击图形工具条中的"草绘视图"按钮,然后单击图形工具条中的"修剪模型"按钮,应用"椭圆""修剪"等命令,经过 PNT6、PNT7 两点绘制椭圆弧,如图 6-1-44 所示绘制手柄特征上部截面草图,绘制完成后单击"确定"按钮。

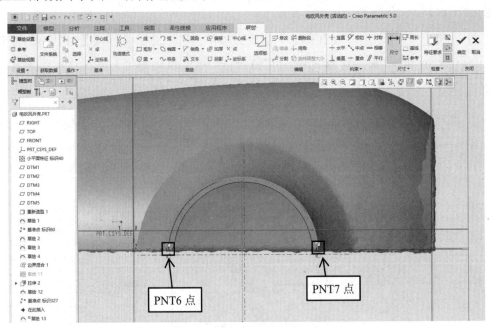

图 6-1-44　绘制手柄特征上部截面草图

25. 绘制手柄特征中部截面草图

选中"DTM4"基准平面,在弹出的浮动工具条中单击"草绘"按钮,进入草绘界面。单击"设置"组中的"参考'按钮,弹出"参考"对话框后,选中 PNT8、PNT9 两点,单击"关闭"按钮。单击图形工具条中的"草绘视图"按钮,然后单击图形工具条中的"修剪模型"按钮,应用"矩形""圆角"命令,经过 PNT8、PNT9 两点,绘制手柄特征中部截面草图,如图 6-1-45 所示。

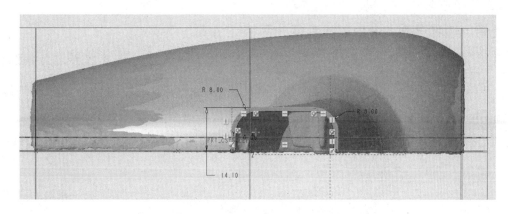

图 6-1-45　绘制手柄特征中部截面草图

单击"操作"组中的"选择"按钮，选中所有曲线，单击"操作"按钮，在打开的下拉列表中，选择"转换为"→"样条"命令，将图线转换成样条，如图 6-1-46 所示。单击"确定"按钮，完成草图绘制。

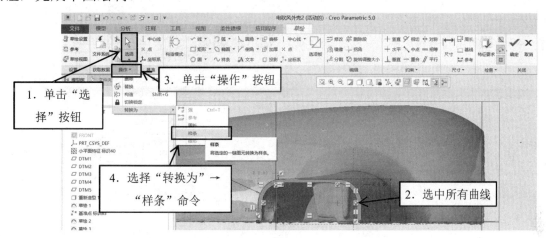

图 6-1-46　将图线转换成样条

26. 绘制手柄特征尾部截面草图

选中"DTM5"基准平面，在弹出的浮动工具条中单击"草绘"按钮，进入草绘界面，重复上述操作，选中 PNT10、PNT11 两点为参考点，摆正视图，应用"椭圆""修剪"等命令，经过 PNT10、PNT11 两点，绘制手柄特征尾部截面草图，如图 6-1-47 所示。单击"确定"按钮，完成草图的绘制。

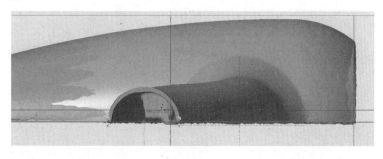

图 6-1-47　绘制手柄特征尾部截面草图

27．使用"边界混合"命令创建手柄曲面特征

在"模型"选项卡中单击"曲面"组中的"边界混合"按钮，进入边界混合编辑界面，单击"第一方向链收集器"按钮，按住 Ctrl 键，选中曲线 3 和曲线 4；单击"第二方向链收集器"按钮，按住 Ctrl 键，依次选中曲线 5～曲线 8，创建边界混合，如图 6-1-48 所示。

如图 6-1-49 所示更改约束属性，更改曲线 6 两侧约束属性为"垂直"，更改曲线 8 中间约束属性为"相切"。单击"确定"按钮，完成曲面创建。

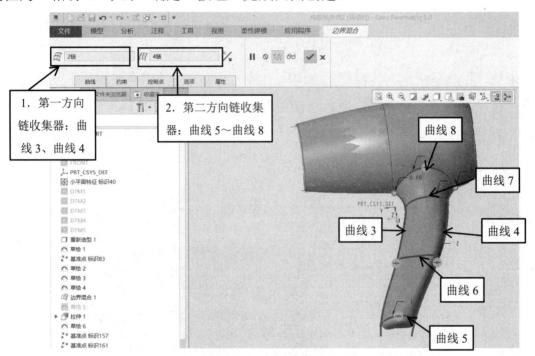

图 6-1-48 创建边界混合

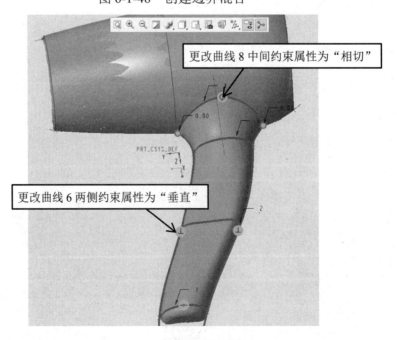

图 6-1-49 更改约束属性

28．创建 DTM6 基准平面

在"模型"选项卡中单击"基准"组中的"平面"按钮，弹出"基准平面"对话框，选中"DTM5"基准平面，在"平移"数值框中输入 5.40，单击"确定"按钮，完成 DTM6 基准平面的创建，如图 6-1-50 所示。

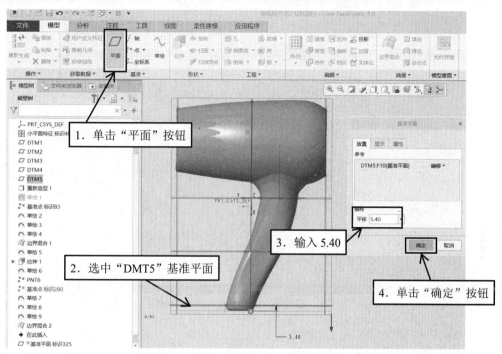

图 6-1-50　DTM6 基准平面的创建

29．延伸手柄曲面特征尾部

在"模型"选项卡中单击"编辑"组中的"延伸"按钮，进入延伸编辑界面，选择手柄曲面特征尾部曲面边，拖动控制长度的小圆点长于手柄尾部小平面特征，单击"确定"按钮，如图 6-1-51 所示延伸曲面。

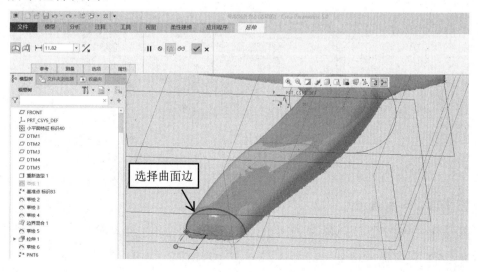

图 6-1-51　延伸曲面

30. 绘制手柄尾部平面草图

选中"DTM6"基准平面，在弹出的浮动工具条中单击"草绘"按钮，摆正视图后，如图 6-1-52 所示绘制矩形，单击"确定"按钮，完成草图 10 的绘制。

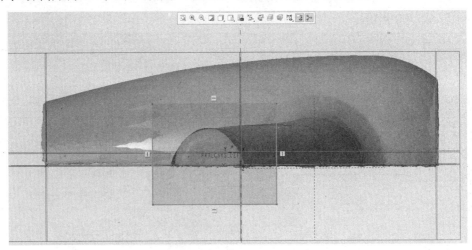

图 6-1-52　绘制矩形

31. 创建手柄尾部平面

选中上一步创建的草绘 10，在"模型"选项卡中单击"曲面"组中的"填充"按钮，创建平面 1，如图 6-1-53 所示。

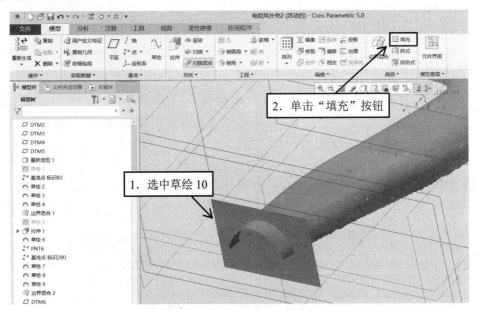

图 6-1-53　创建平面 1

32. 创建平面 2～平面 4

重复上述操作，分别在 DTM1 基准平面上创建平面 2，在 DTM2 基准平面上创建平面 3，在 DTM3 基准平面上创建平面 4。创建出的平面 2～平面 4 如图 6-1-54 所示。

33. 合并平面2、平面3

按住 Ctrl 键，选中平面2、平面3，在"模型"选项卡中单击"编辑"组中的"合并"按钮，进入合并编辑界面。单击"方向"按钮，调整平面合并保留方向，单击"确定"按钮，如图 6-1-55 所示合并平面2、平面3。

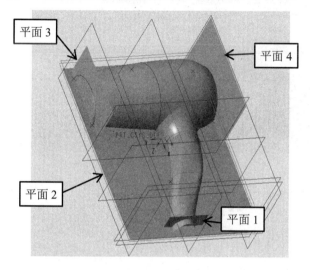

图 6-1-54　创建出的平面2～平面4

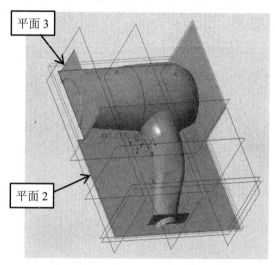

图 6-1-55　合并平面2、平面3

34. 合并平面1与平面2、平面2与平面4、曲面1与曲面2

重复上述操作，分别将平面1与平面2、平面2与平面4、曲面1与曲面2进行合并，各平面和曲面示意图如图 6-1-56 所示。

35. 合并平面与曲面

按住 Ctrl 键，选择合并后的曲面及合并后的平面，在"模型"选项卡中单击"编辑"组中的"合并"按钮，进入合并编辑界面，单击"方向"按钮，调整合并保留方向，保留电吹风外壳部分，单击"确定"按钮，平面与曲面合并效果如图 6-1-57 所示。

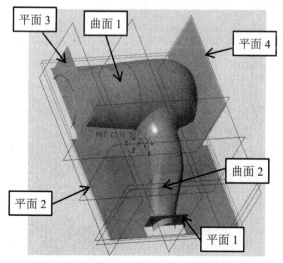

图 6-1-56　各平面和曲面示意图

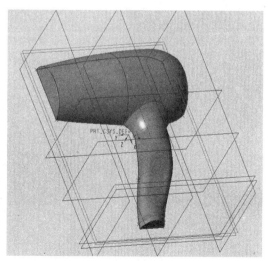

图 6-1-57　平面与曲面合并效果

36．实体化曲面

选中曲面，在"模型"选项卡中单击"编辑"组中的"实体化"按钮，单击"确定"按钮，完成曲面的实体化，曲面实体化效果如图 6-1-58 所示。

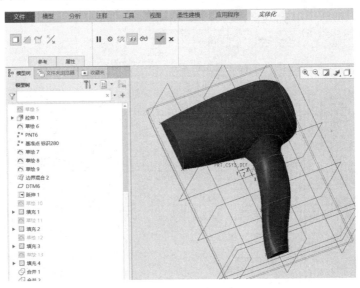

图 6-1-58　曲面实体化效果

37．倒圆角特征

单击选中手柄尾部棱边，在弹出的浮动工具条中单击"倒圆角"按钮，设置圆角半径为 4.00，然后单击"确定"按钮。倒圆角的操作步骤如图 6-1-59 所示。

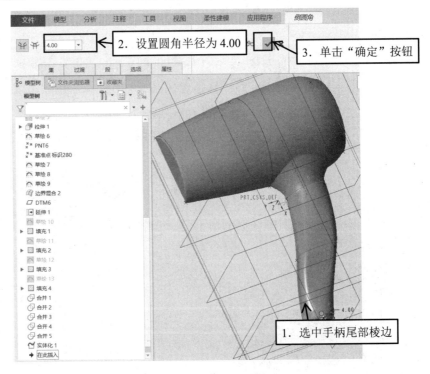

图 6-1-59　倒圆角的操作步骤

38．绘制手柄凹槽草图

选中"DTM1"基准平面，在弹出的浮动工具条中单击"草绘"按钮，进入草绘界面。单击图形工具条中的"草绘视图"，按钮应用"线链"命令，完成如图6-1-60所示的手柄凹槽草图的绘制。

39．创建凹槽特征

在"模型"选项卡中单击"形状"组中的"拉伸"按钮，选择上一步创建的草绘，单击"拉伸为实体"按钮，在深度数值框中输入数值4.50，单击"移除材料"按钮，然后单击"确定"按钮，如图6-1-61所示拉伸草绘14。

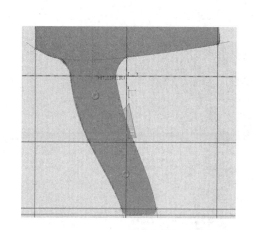

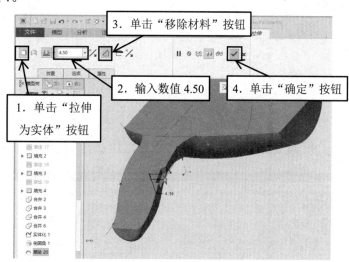

图6-1-60　手柄凹槽草图的绘制　　　　　图6-1-61　拉伸草绘14

40．倒圆角特征

选中凹槽两棱边，在弹出的浮动工具条中单击"倒圆角"按钮，设置凹槽棱边圆角半径为3.00，如图6-1-62所示对切除特征边倒圆角。

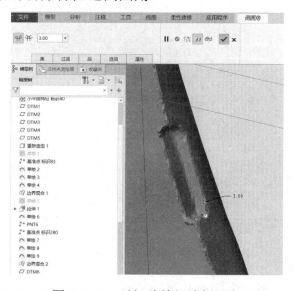

图6-1-62　对切除特征边倒圆角

41．对电吹风外壳特征抽壳

在"模型"选项卡中单击"工程"组中的"壳"按钮，进入壳编辑界面，在厚度数值框中输入1.50，单击"参考"选项卡，按住Ctrl键，选中需要移除的面，然后单击"确定"按钮。对实体抽壳如图6-1-63所示。

42．隐藏小平面等特征

隐藏小平面、基准面、曲线等特征，如图6-1-64所示。

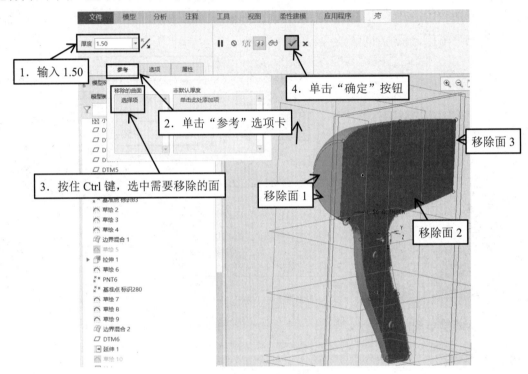

图 6-1-63　对实体抽壳

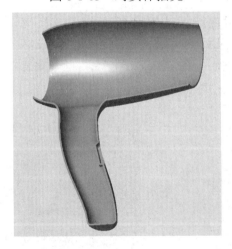

图 6-1-64　隐藏小平面、基准面、曲线等特征

43．保存为STL文件。

参照项目一中文件保存的操作，将文件另存为"电吹风外壳.stl"，将弦高设置为0.01。

逆向建模任务评价表

序号	检测项目	配分	评分标准	自评	组评	师评
1	主体曲面特征	20	是否有该特征，无则全扣			
2	手柄曲面特征	20	是否有该特征，无则全扣			
3	手柄尾端平面特征	6	是否有该特征，无则全扣			
4	曲面实体化特征	8	是否有该特征，无则全扣			
5	手柄凹槽特征	8	是否有该特征，无则全扣			
6	手柄尾部圆角特征	4	是否有该特征，无则全扣			
7	实体抽壳特征	8	是否有该特征，无则全扣			
8	文件导出	8	导出文件弦高设置是否正确			
9	与原模型匹配程度	10	根据逆向建模匹配程度酌情评分			
10	其他	8	根据是否出现其他问题酌情评分			
11	合计					
互评学生姓名						

任务二　3D 打印

1. 导入文件

双击切片软件图标启动该软件。单击"载入"按钮，选择上一步导出的"电吹风外壳.stl"
文件，单击"打开"按钮，导入后的电吹风外壳模型摆放图如图 6-2-1 所示。

切片操作视频

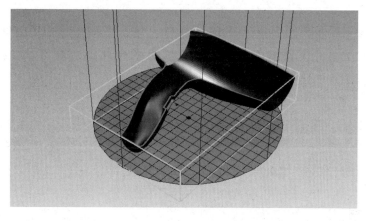

图 6-2-1　导入后的电吹风外壳模型摆放图

2. 摆正模型

单击"旋转"按钮旋转物体，在打开的如图 6-2-2 所示的"旋转物体"对话框中，输入 X
轴数值为 180，即可如图 6-2-3 所示将模型摆正。

3. 缩放模型

单击"缩放模型"按钮，在打开的如图 6-2-4 所示的"缩放物体"对话框中，输入 X 轴数值为0.5，即可如图6-2-5所示将模型缩小至原来的1/2。

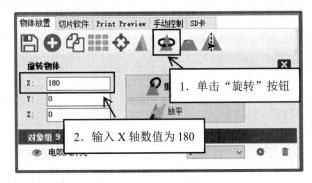

图6-2-2　"旋转物体"对话框

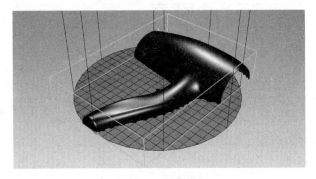

图6-2-3　将模型摆正

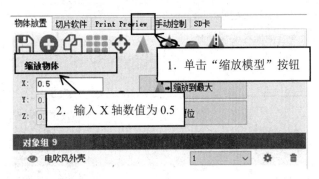

图6-2-4　"缩放物体"对话框

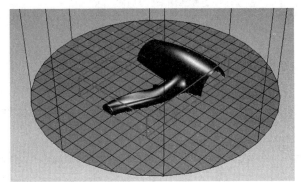

图6-2-5　将模型缩小至原来的1/2

知识加油站

1．模型缩放

由于3D打印机的平台大小有限，当模型的大小超出平台的大小时，将无法进行打印，此时需要对模型进行缩小，将模型缩小至3D打印机的平台范围内即可；当模型较小时，也可以对模型进行放大。

2．模型摆放原则

对于无法将模型主要表面调整为垂直于成型平台的情况，尽量不要使其与成型平台夹角过小而形成锯齿状表面，从而增加模型后期处理的难度。

4．切片软件设置

（1）单击"切片软件"按钮，输入打印速度为60～70mm/s，质量为0.2mm，填充密度为100%。单击"配置"按钮，设置速度参数保持默认并输入质量参数为0.2mm，设置完成后单击"保存"按钮，将参数保存。

（2）单击"结构"按钮设置参数，外壳厚度和顶层/底层厚度均为1.2mm，在"支撑图案"的下拉列表中选择"格子"选项，填充数量输入20，其余参数保持默认。

思考问题：支撑填充数量的多少会对模型产生什么影响？

 技能加油站

由于电吹风外壳模型较薄，为保证打印质量，故将填充密度设置成100%，以避免填充密度过低、强度不够而导致零件发生塌陷。

当挤料速度过快、填充速度过慢时，会造成多余的熔融丝料堵塞喷嘴或在成型截面上留有"疙瘩"，会严重影响制件的成型质量，并会造成加工停止且喷嘴停滞在疙瘩处；当挤料速度过慢、填充速度过快时，由于挤出的丝料不够，会导致成型截面填充不够饱满，出现断丝等情况，造成制件承受外力的能力降低，因此挤料速度和填充速度二者的取值必须合理匹配。

5. 切片导出

单击"开始切片"按钮进行切片，切片完成后，单击"保存"按钮，将切片数据导出到SD卡中，文件保存类型为GCode，然后将SD卡插进3D打印机进行打印。

3D打印任务评价表

序号	检测项目	配分	评分标准	自评	组评	师评
1	打印操作	10	是否进行调平（5）			
			操作是否规范（5）			
2	模型底部	10	模型底部是否平整			
3	整体外观	10	外观是否光顺无断层、无溢料			
4	主体曲面特征	20	主体曲面特征是否残缺			
5	手柄特征	20	手柄特征是否光顺、无残缺			
6	手柄凹槽特征	10	手柄凹槽特征是否残缺			
7	支撑处理	10	支撑是否去除干净、无毛刺			
8	其他	10	根据是否出现其他问题酌情评分			
9	合计					
	互评学生姓名					

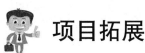 **项目拓展**

完成如图6-2-6所示加湿器外壳的逆向建模与3D打印。

图 6-2-6　加湿器外壳

项目七

小黄鸭逆向建模与 3D 打印

项目描述

小黄鸭是市场上较为火爆的一款小玩具，虽然有不同材质的款式，但其外观造型基本相似，具有复杂的曲面特征，在曲面造型方法中具有一定的代表性。

项目目标

1. 学会分析复杂曲面的构成并对其进行拆解。
2. 熟练掌握边界曲面的建模方法。
3. 能综合运用曲面处理功能完成曲面编辑。

项目完成效果图

完成后的小黄鸭效果图如图 7-1-1 所示。

图 7-1-1　完成后的小黄鸭效果图

项目实施

任务一　逆向建模

逆向建模步骤视频

1. 导入数据

导入"小黄鸭"扫描数据，在"分样"对话框的"保持百分比"数值框中输入 50，把小平面数量精简约 4 万个。分样精简小平面的操作步骤如图 7-1-2 所示。

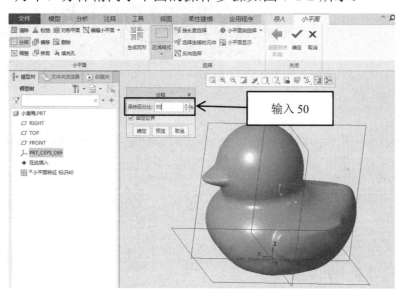

图 7-1-2　分样精简小平面的操作步骤

2. 使用"旋转"命令创建头部特征

选中"TOP"平面，在弹出的浮动工具条中单击"草绘"按钮。选择草绘平面的操作步骤如图 7-1-3 所示。进入草绘界面后，单击图形工具条中的"草绘视图"按钮，将视图摆正，视图摆正后的效果如图 7-1-4 所示。

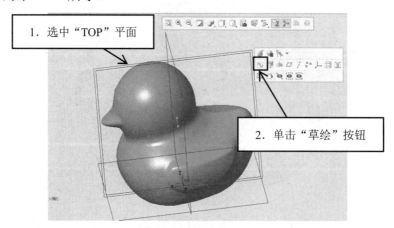

图 7-1-3　选择草绘平面的操作步骤

图 7-1-4　视图摆正后的效果

根据扫描数据，勾画头部轮廓，并绘制旋转中心线，单击"确定"按钮，完成草图绘制。绘制草图的操作步骤如图 7-1-5 所示。

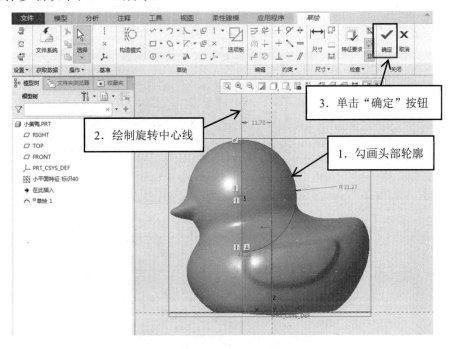

图 7-1-5　绘制草图的操作步骤

选中上一步绘制完成的草图（即"草绘 1"），在"模型"选项卡中单击"形状"组中的"旋转"按钮旋转头部轮廓，如图 7-1-6 所示。进入旋转编辑界面后，单击"确定"按钮，完成头部旋转特征的创建，头部旋转特征效果如图 7-1-7 所示。

3．使用"拉伸"命令创建拉伸曲面

选中"TOP"平面，在弹出的浮动工具条中单击"草绘"按钮。选择草绘平面的操作步骤如图 7-1-8 所示。进入草绘界面后，如图 7-1-9 所示绘制直线，完成草图绘制。

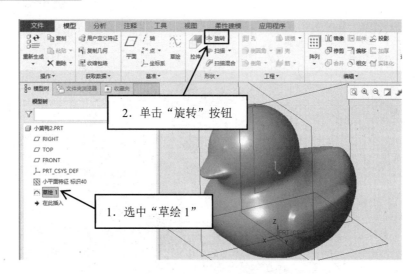

图 7-1-6　旋转头部轮廓

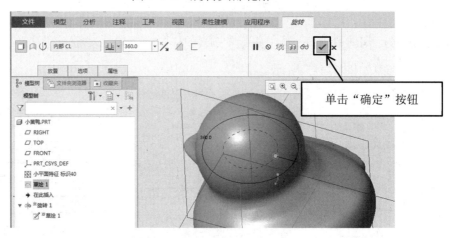

图 7-1-7　头部旋转特征效果

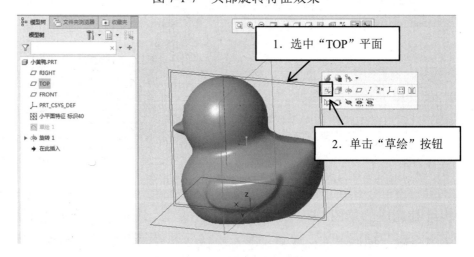

图 7-1-8　选择草绘平面的操作步骤

　　选中绘制完成的直线（即"草绘 2"），在"模型"选项卡中单击"形状"组中的"拉伸"按钮拉伸草图，如图 7-1-10 所示。进入拉伸编辑界面后，单击"拉伸为曲面"按钮，拖动控制曲面拉伸深度的小圆点至穿过扫描模型颈部，单击"确定"按钮，完成后的曲面拉伸效果如图 7-1-11 所示。

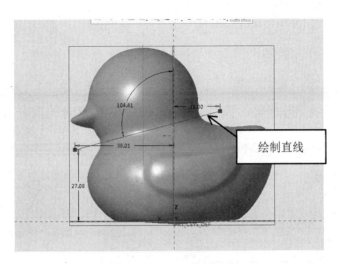

图 7-1-9 绘制直线

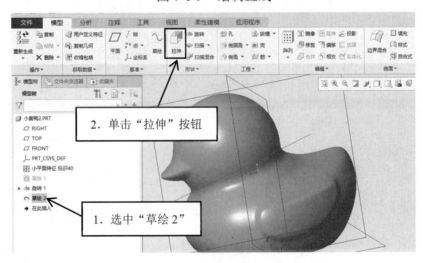

图 7-1-10 拉伸草图

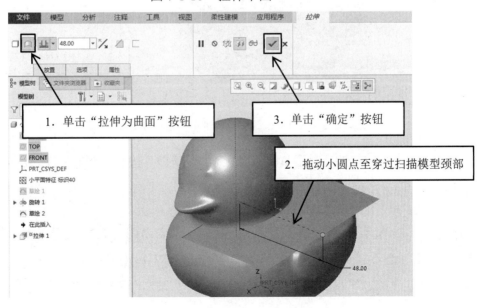

图 7-1-11 完成后的曲面拉伸效果

4．绘制颈部半轮廓草图

选中上一步拉伸的曲面作为草绘平面，进入草绘界面后，单击图形工具条中的"草绘视图"按钮将视图摆正，然后单击"设置"组中的"草绘设置"按钮。进入草绘设置的操作步骤如图 7-1-12 所示。弹出"草绘"对话框后，将"草绘视图方向"设为"反向"，然后单击"草绘"按钮，完成草绘视图方向的设置。调整草绘视图方向的操作步骤如图 7-1-13 所示。

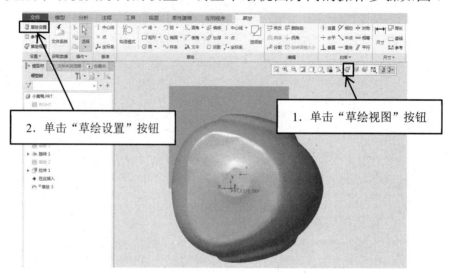

图 7-1-12　进入草绘设置的操作步骤

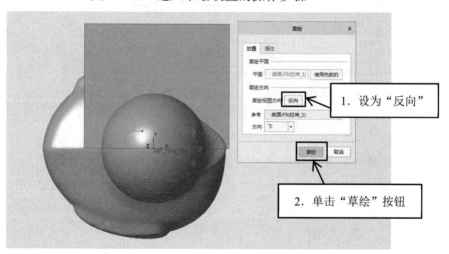

图 7-1-13　调整草绘视图方向的操作步骤

进入草绘界面后，单击图形工具条中的"修剪模型"按钮，根据扫描数据，如图 7-1-14 所示绘制半圆弧，单击"确定"按钮，完成草图绘制。

⭐技巧提示：进入草绘界面后，若发现当前的草绘方向不便于观察和绘制草图，可以通过"草绘设置"命令进行草绘方向的调整，操作方法如上所示。

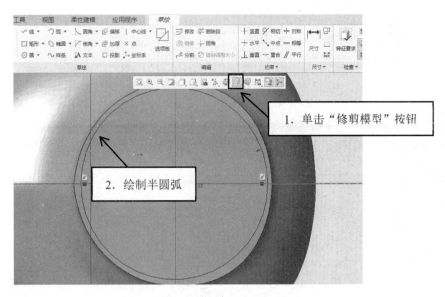

图 7-1-14　绘制半圆弧

5．绘制底部半轮廓草图

重复前述操作，选中"FRONT"平面作为草绘平面，进入草绘界面并摆正视图后，通过"草绘设置"按钮将草绘视图方向设置为底部方向。单击"草绘"组中的"样条"按钮，根据扫描数据勾画轮廓曲线，并约束样条曲线的两个端点与水平对称中心线的夹角均为 90°，单击"确定"按钮，完成草图绘制。绘制草图的操作步骤如图 7-1-15 所示。

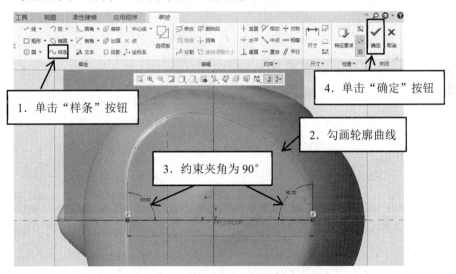

图 7-1-15　绘制草图的操作步骤

★**技巧提示**：在绘制曲面的截面草图时，要考虑完成后的曲面是否需要进行镜像操作。如果需要镜像操作，那么在绘制草图时，为了不影响完成后的建模效果，要对草图中与镜像中心线（或镜像平面）相交的端点进行约束，一般将其约束为与镜像中心线（或镜像平面）垂直。

6. 绘制小黄鸭身体的前、后轮廓草图

选中"TOP"平面为草绘平面，进入草绘界面后，单击"设置"组中的"参考"按钮，弹出"参考"对话框后，分别选中颈部曲线与底部曲线的终点作为参考点，然后单击"关闭"按钮。草绘参考点的设置如图 7-1-16 所示。

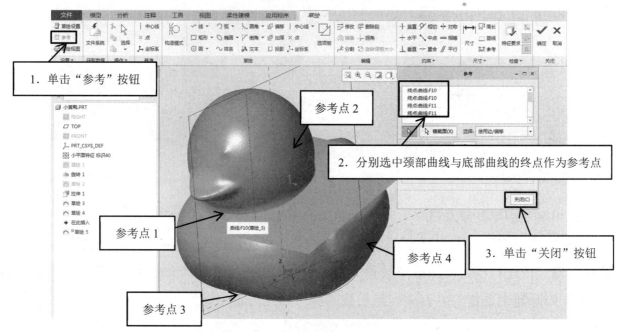

图 7-1-16　草绘参考点的设置

单击图形工具条中的"草绘视图"按钮，将视图摆正后，可以清晰地看见四个草绘参考点，图 7-1-17 所示为参考点效果图。

以创建的四个参考点为端点，单击"草绘"组中的"样条"按钮，根据扫描数据，勾画小黄鸭身体的前、后轮廓，图 7-1-18 所示为身体前、后轮廓草图。

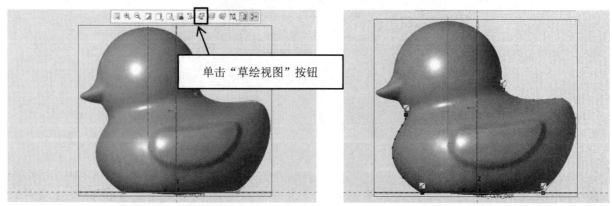

图 7-1-17　参考点效果图　　　　图 7-1-18　身体前、后轮廓草图

7. 使用"拉伸"命令创建拉伸曲面

如图 7-1-19 所示选中颈部的拉伸曲面为草绘平面，在弹出的浮动工具条中单击"草绘"按钮，进入草绘界面。

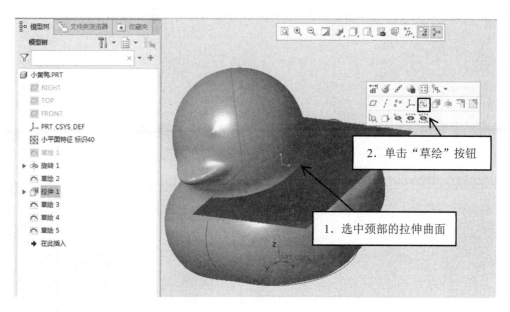

图 7-1-19 进入草绘界面的操作步骤

进入草绘界面后，单击"设置"组中的"参考"按钮，弹出"参考"对话框后，选中颈部曲线为参考对象，然后单击"关闭"按钮，完成草绘参考设置。设置草绘参考的操作步骤如图 7-1-20 所示。

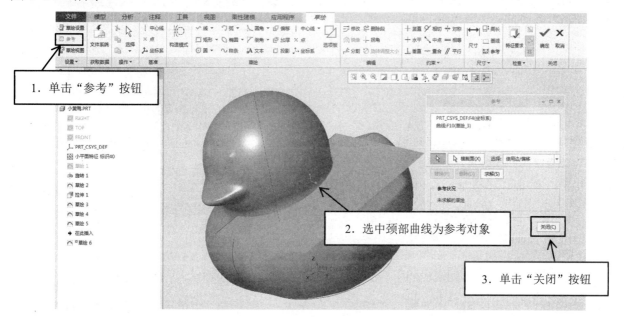

图 7-1-20 设置草绘参考的操作步骤

单击图形工具条中的"草绘视图"按钮将视图摆正后，单击"设置"组中的"草绘设置"按钮，弹出"草绘"对话框后，将"草绘视图方向"设为"反向"，如图 7-1-21 所示调整草绘视图方向，单击"草绘"按钮，关闭对话框。

单击图形工具条中的"修剪模型"按钮，使用"草绘"组中的"中心线"工具，如图 7-1-22 所示分别绘制三条中心线。

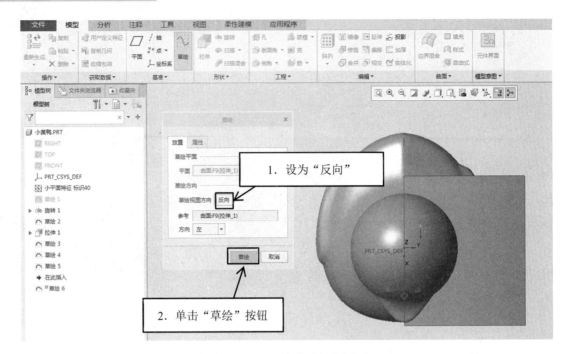

图 7-1-21　调整草绘视图方向

使用"草绘"组中的"线"工具，如图 7-1-23 所示绘制草图，然后单击"确定"按钮退出草绘。

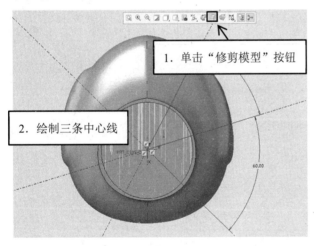

图 7-1-22　绘制三条中心线

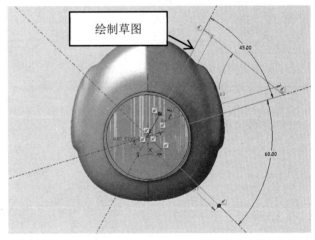

图 7-1-23　绘制草图

选中绘制完成的草图，在"模型"选项卡中单击"形状"组中的"拉伸"按钮。进入拉伸编辑界面后，单击"拉伸为曲面"按钮，拖动控制拉伸深度的小圆点至穿过底部，然后单击"确定"按钮，完成如图 7-1-24 所示的曲面拉伸。

8．创建基准点

隐藏小平面特征后，在"模型"选项卡中单击"基准"组中的"点"按钮，弹出"基准点"对话框后，按住 Ctrl 键，选中曲线 1 和曲面 1 作为参考，完成如图 7-1-25 所示的基准点 PNT0 的创建。

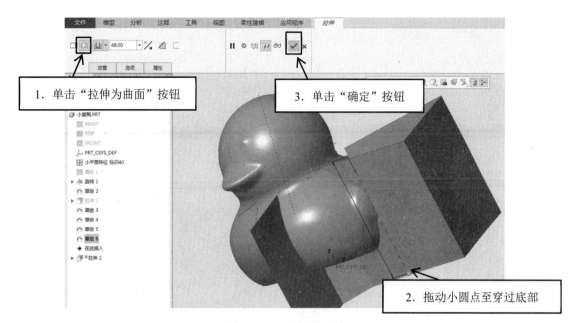

图 7-1-24 曲面拉伸

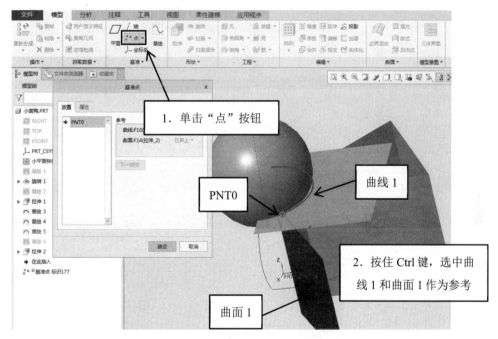

图 7-1-25 基准点 PNT0 的创建

以同样的操作方法,完成曲线 2 与曲面 1 的交点,即完成如图 7-1-26 所示的基准点 PNT1
的创建。

重复上述基准点的创建方法,分别完成如图 7-1-27 所示的曲线 1 与曲面 2 的交点 PNT2、
曲线 2 与曲面 2 的交点 PNT3,曲线 1 与曲面 3 的交点 PNT4 及曲线 2 与曲面 3 的交点 PNT5
四个基准点的创建。

9. 根据基准点绘制身体部分轮廓曲线

显示小平面特征,选中曲面 1 为草绘平面,进入草绘界面后,使用"样条"工具,以 PNT0、

PNT1 为端点，如图 7-1-28 所示绘制样条曲线 1。

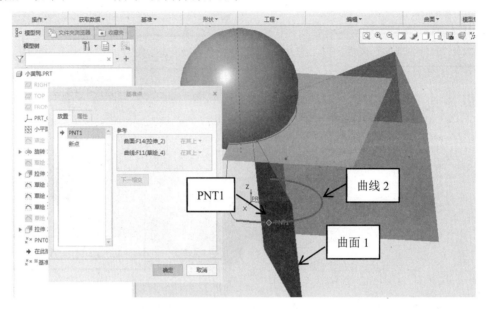

图 7-1-26　基准点 PNT1 的创建

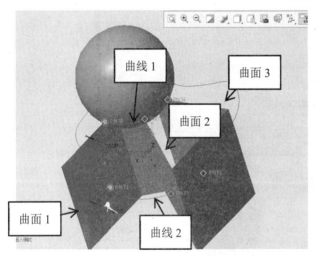
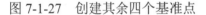

图 7-1-27　创建其余四个基准点

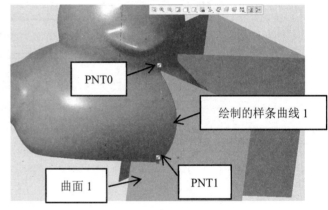

图 7-1-28　绘制样条曲线 1

以同样的操作方法，选中曲面 2 为草绘平面，以 PNT2、PNT3 为端点，如图 7-1-29 所示绘制样条曲线 2。

以同样的操作方法，选中曲面 3 为草绘平面，以 PNT4、PNT5 为端点，如图 7-1-30 所示绘制样条曲线 3。

10. 使用"边界混合"命令创建身体特征

隐藏拉伸曲面及小平面特征后，在"模型"选项卡中单击"曲面"组中的"边界混合"按钮。进入边界混合编辑界面的操作步骤如图 7-1-31 所示。进入边界混合编辑界面后，单击"选择项"按钮，按住 Ctrl 键，依次选中小黄鸭身体部分的五条曲线，接着单击"单击此处添加项"按钮，按住 Ctrl 键，选中颈部和底部的两条曲线。编辑边界混合曲面的操作步骤如图 7-1-32 所示。

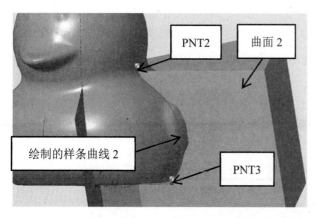 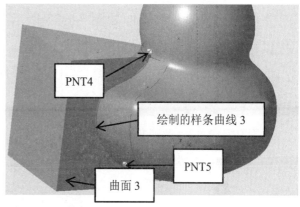

图 7-1-29 绘制样条曲线 2   图 7-1-30 绘制样条曲线 3

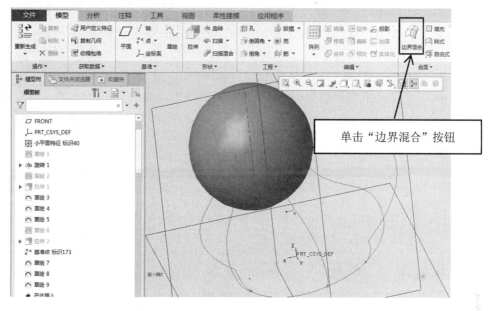

图 7-1-31 进入边界混合编辑界面的操作步骤

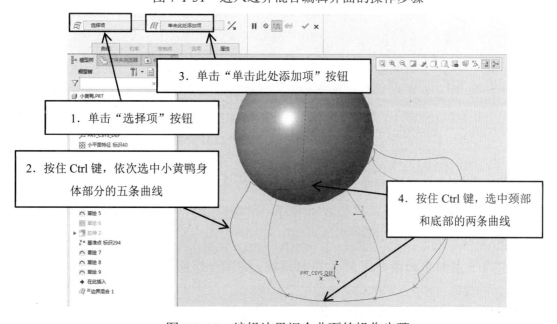

图 7-1-32 编辑边界混合曲面的操作步骤

完成边界混合后的曲面如图 7-1-33 所示，分别将光标放在小黄鸭胸前和尾部的约束处，长按鼠标右键，在弹出的约束类型选项框中，选中"垂直"单选按钮，然后单击"确定"按钮。完成后的边界混合曲面效果如图 7-1-34 所示。

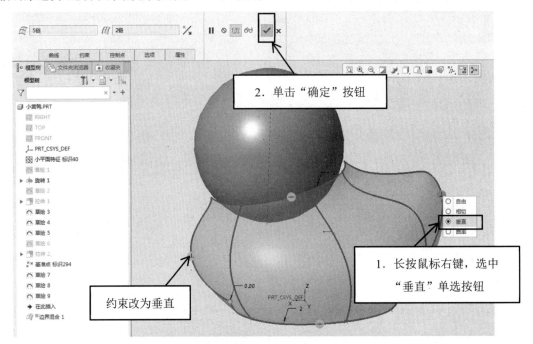

图 7-1-33　完成边界混合后的曲面

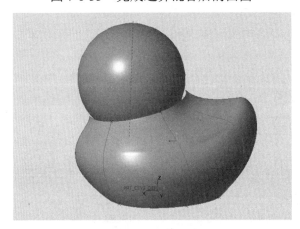

图 7-1-34　完成后的边界混合曲面效果

★技巧提示：在做边界混合曲面时，要注意以下两点。

（1）注意检查边界曲线是否形成一个封闭的环，即要检查曲线是否相交，否则无法完成边界混合曲面的创建。

（2）当要选中同一方向中两条以上的边界曲线时，要注意必须按照同一方向连续依次选中。

11. 使用"拉伸"命令创建拉伸曲面

选中"RIGHT"平面作为草绘平面，进入草绘界面后，单击图形工具条中的"草绘视图"

按钮，摆正视图后，如图 7-1-35 所示绘制草图。

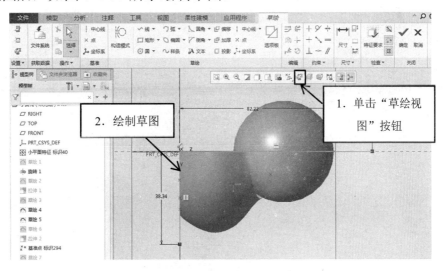

图 7-1-35　绘制草图

选中上述绘制完成的草图，在"模型"选项卡中单击"形状"组中的"拉伸"按钮。进入拉伸编辑界面后，打开"拉伸类型"下拉列表，选中"双侧拉伸"选项，拖动控制拉伸深度的小圆点至穿过小黄鸭身体，然后单击"确定"按钮，完成如图 7-1-36 所示的拉伸曲面的创建。

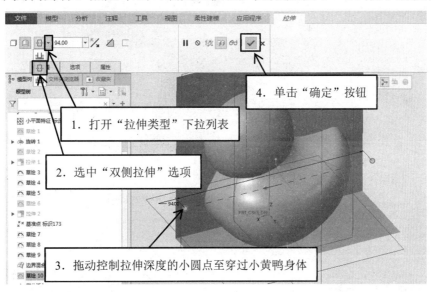

图 7-1-36　拉伸曲面的创建

12. 合并曲面

按住 Ctrl 键，如图 7-1-37 所示选中拉伸曲面和边界混合曲面，在"模型"选项卡中单击"编辑"组中的"合并"按钮。弹出"合并"对话框后，调整箭头方向使其朝小黄鸭身体内侧，然后单击"确定"按钮。调整箭头方向的操作步骤如图 7-1-38 所示。曲面合并后的效果（1）如图 7-1-39 所示。

以同样的操作方法，将小黄鸭身体部分的边界混合曲面与拉伸曲面合并，如图 7-1-40 所示。调整箭头方向使其朝下，如图7-1-41所示。曲面合并后的效果（2）如图7-1-42所示。

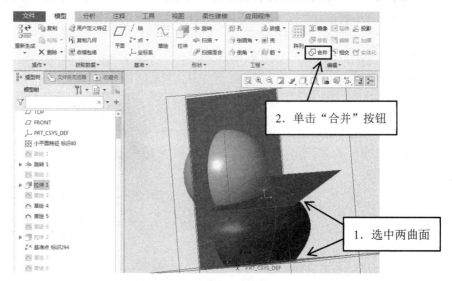

图 7-1-37　选中拉伸曲面和边界混合曲面

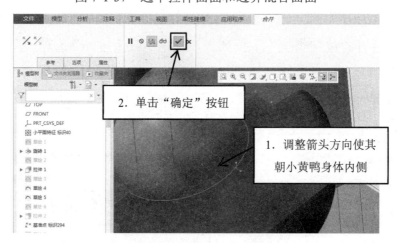

图 7-1-38　调整箭头方向的操作步骤

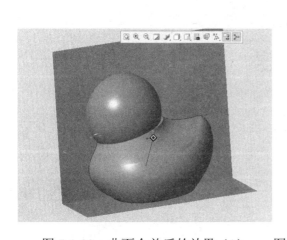

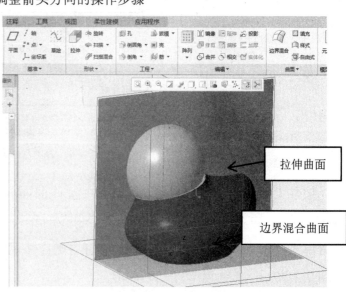

图 7-1-39　曲面合并后的效果（1）　　图 7-1-40　将小黄鸭身体部分的边界混合曲面与拉伸曲面合并

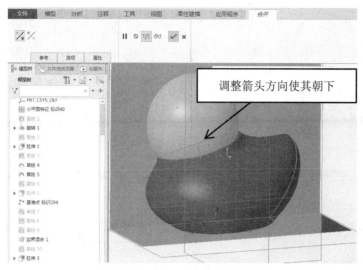

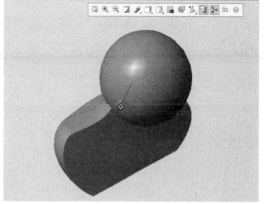

图 7-1-41　调整箭头方向使其朝下　　　　　图 7-1-42　曲面合并后的效果（2）

 技能加油站

做两个曲面的合并时，必须要先按住 Ctrl 键，同时选中两个要合并的曲面，才可以激活曲面的"合并"工具。曲面合并的箭头所指的方向（网格部分）为合并后保留曲面的部分，箭头朝外、朝内的合并效果分别如图 7-1-43、图 7-1-44 所示。

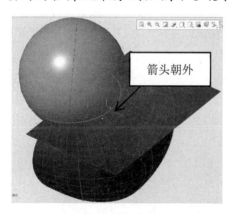

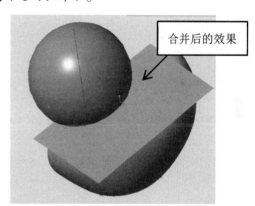

图 7-1-43　箭头朝外的合并效果

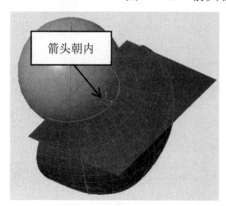

图 7-1-44　箭头朝内的合并效果

13．曲面实体化

单击小黄鸭身体部分边界混合曲面特征的任意位置，在"模型"选项卡中单击"编辑"组中的"实体化"按钮，边界混合曲面实体化的操作步骤如图 7-1-45 所示。进入实体化编辑界面后，单击"确定"按钮，完成如图 7-1-46 所示的小黄鸭身体部分的曲面实体化。

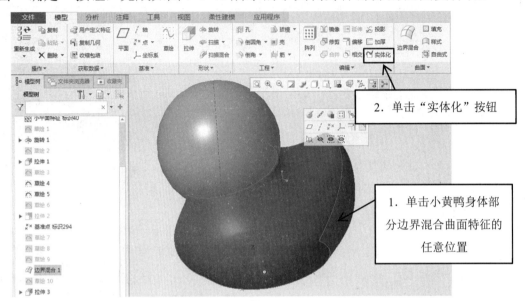

图 7-1-45　边界混合曲面实体化的操作步骤

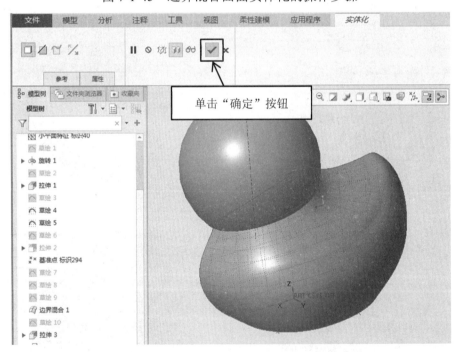

图 7-1-46　小黄鸭身体部分的曲面实体化

14．创建 DTM1 基准平面

显示小平面特征，将"RIGHT"平面设置为视图法向，摆正视图后，选中"TOP"基准平面，在"模型"选项卡中单击"基准"组中的"平面"按钮，弹出"基准平面"对话框后，拖动控制基准平面偏移距离的小圆点至与扫描模型翅膀处平齐的位置，然后单击"确定"按钮，完成如图 7-1-47 所示的 DTM1 基准平面的创建。

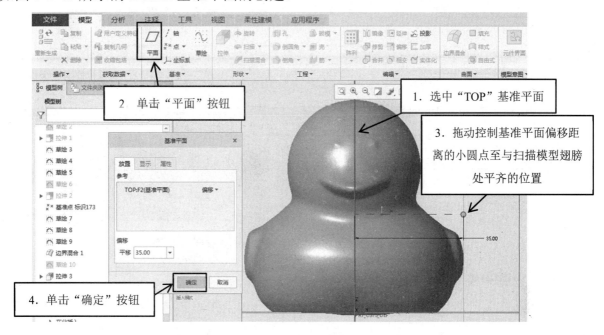

图 7-1-47　DTM1 基准平面的创建

15. 使用"拉伸"命令创建翅膀特征

选中"DTM1"基准平面作为草绘平面，进入草绘界面后，根据扫描数据，使用"草绘"组中的"弧"命令，勾画翅膀处的轮廓，完成如图 7-1-48 所示的翅膀处草图的绘制。

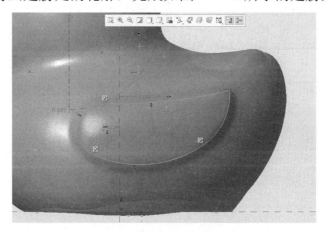

图 7-1-48　翅膀处草图的绘制

选中完成的翅膀处草图，在"模型"选项卡中单击"形状"组中的"拉伸"按钮，进入拉伸编辑界面后，单击"拉伸为曲面"按钮，调整拉伸深度至与小黄鸭身体部分相交，单击"选项"选项卡，勾选"添加锥度"复选框，并输入锥度值为 8.0，然后单击"确定"按钮，完成如图 7-1-49 所示的翅膀处的曲面拉伸。

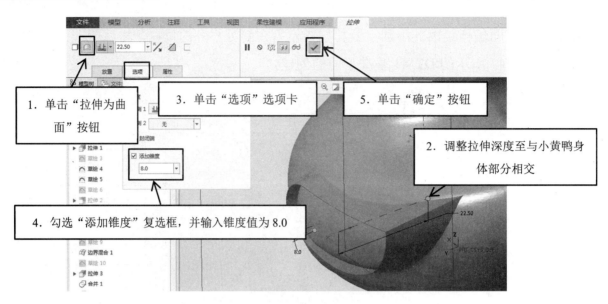

图 7-1-49　翅膀处的曲面拉伸

16．复制身体处曲面特征

选中身体部分的边界混合曲面，在"模型"选项卡中单击"操作"组中的"复制"按钮，然后单击"粘贴"按钮复制曲面，如图 7-1-50 所示。进入"曲面：复制"界面后，单击"确定"按钮，得到粘贴后的"复制 1"曲面，如图 7-1-51 所示。

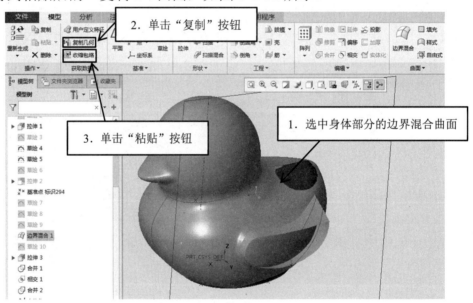

图 7-1-50　复制曲面

17．偏移曲面

选中上一步完成的"复制 1"曲面，在"模型"选项卡中单击"编辑"组中的"偏移"按钮，偏移曲面的操作步骤如图 7-1-52 所示。进入"偏移"界面后，拖动控制偏移距离的小圆点至与扫描模型的翅膀处表面平齐的位置，然后单击"确定"按钮，完成如图 7-1-53 所示的曲面的偏移。

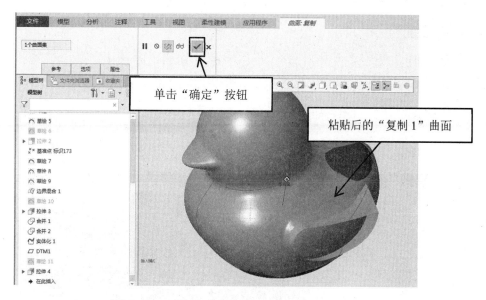

图 7-1-51　粘贴后的"复制 1"曲面

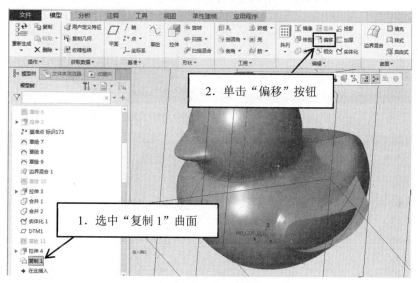

图 7-1-52　偏移曲面的操作步骤

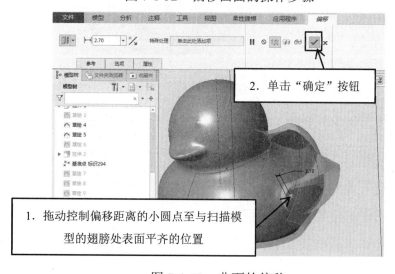

图 7-1-53　曲面的偏移

18．合并曲面

重复前述操作，使用"合并"命令将上一步得到的"偏移 1"曲面与翅膀处的拉伸曲面进行合并，然后如图 7-1-54 所示调整箭头方向，曲面合并后的模型效果（1）如图 7-1-55 所示。

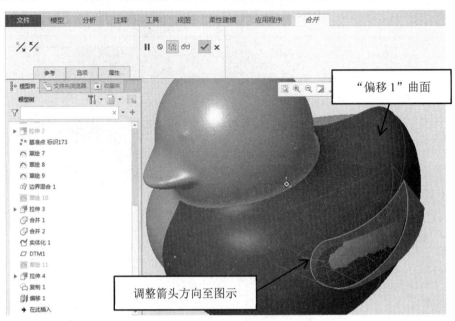

图 7-1-54　调整箭头方向（1）

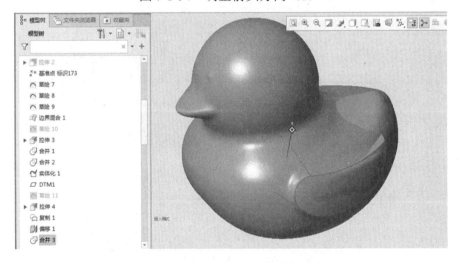

图 7-1-55　曲面合并后的模型效果（1）

以同样的操作方法，选中"复制 1"曲面与翅膀处的拉伸曲面进行合并，然后如图 7-1-56 所示调整箭头方向，曲面合并后的模型效果（2）如图 7-1-57 所示。

19．使用"实体化"命令对翅膀处曲面进行实体化

单击翅膀处曲面的任意位置，在"模型"选项卡中单击"编辑"组中的"实体化"按钮，翅膀处曲面实体化的操作步骤如图 7-1-58 所示。在"实体化"界面中，单击"确定"按钮，完成如图 7-1-59 所示的翅膀处曲面的实体化。

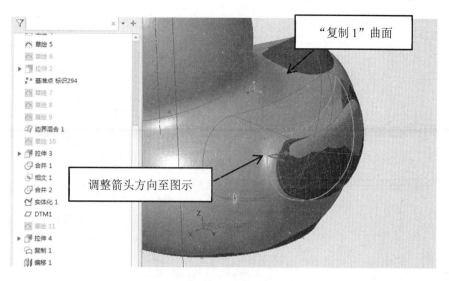

图 7-1-56　调整箭头方向（2）

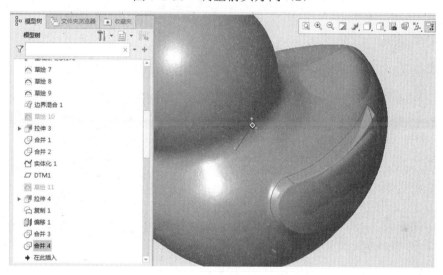

图 7-1-57　曲面合并后的模型效果（2）

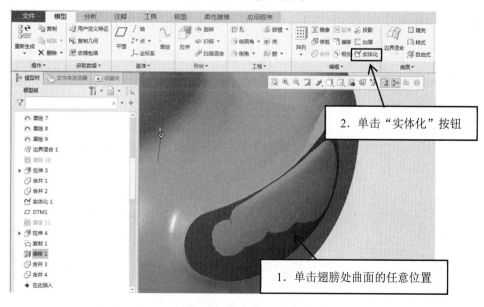

图 7-1-58　翅膀处曲面实体化的操作步骤

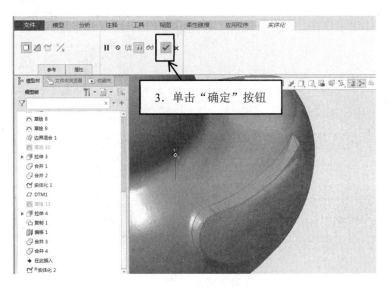

图 7-1-59　翅膀处曲面的实体化

20．翅膀处倒圆角

使用"倒圆角"命令，分别对翅膀处的三条边进行倒圆角，上周边圆角半径为1.5，下周边圆角半径为3.5，侧边圆角半径为3.8。翅膀处三条边的倒圆角如图7-1-60所示。

21．实体化

隐藏小平面特征后，选中"TOP"平面，单击"编辑"组中的"实体化"按钮，实体化操作步骤如图7-1-61所示。调整箭头方向使其朝向小黄鸭身体内侧，单击"确定"按钮，实体化效果如图7-1-62所示。

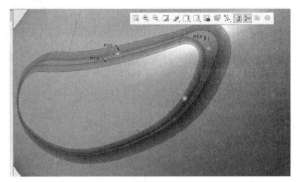

图 7-1-60　翅膀处三条边的倒圆角

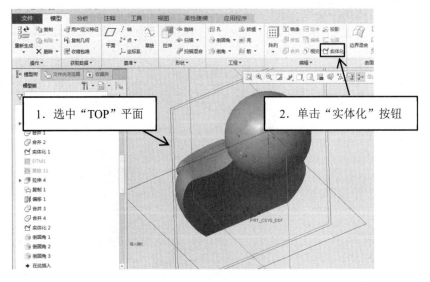

图 7-1-61　实体化操作步骤

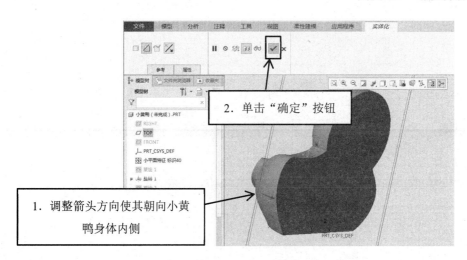

图 7-1-62 实体化效果

22．镜像所有特征

选中"模型树"选项卡下的"小黄鸭.PRT"文件，在"模型"选项卡中单击"编辑"组中的"镜像"按钮，镜像操作步骤如图 7-1-63 所示。进入"镜像"界面，选中"TOP"平面为镜像平面，如图 7-1-64 所示。单击"确定"按钮，镜像后的效果如图 7-1-65 所示。

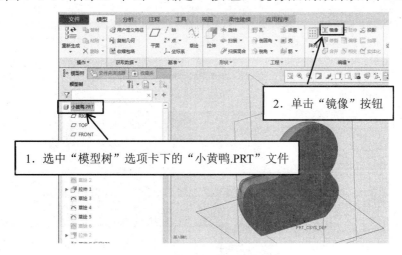

图 7-1-63 镜像操作步骤

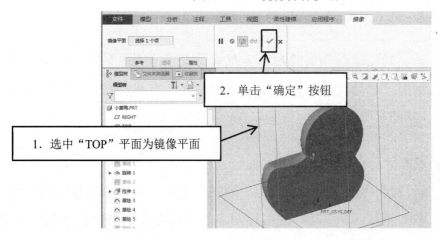

图 7-1-64 选中"TOP"平面为镜像平面

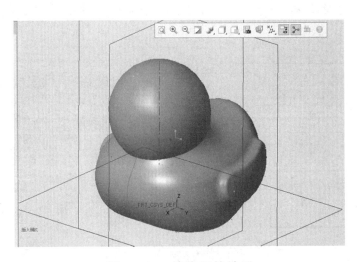

图 7-1-65　镜像后的效果

23．脖子处的倒圆角

显示小平面特征，使用"倒圆角"命令对小黄鸭脖子处的线进行倒圆角，并调整圆角大小至与扫描模型接近，然后单击"确定"按钮，完成如图 7-1-66 所示的脖子处的倒圆角。

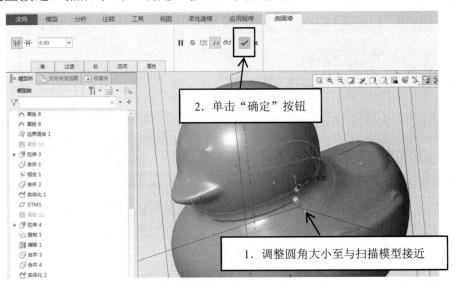

图 7-1-66　脖子处的倒圆角

> ★**技巧提示**：在对曲面的边进行倒圆角时，系统容易受多个图元的影响，导致用户难以选定要倒圆角的边，这时可以通过软件界面右下方的智能选取栏，打开下拉列表，选中"边"选项，这样用户就可以顺利选取曲面的边了。

24．创建 DTM2 基准平面

将"RIGHT"平面设置为视图法向后，选中"TOP"平面，单击"基准"组中的"平面"按钮，弹出"基准平面"对话框后，拖动控制偏移距离的小圆点调整 DTM2 基准平面至小黄鸭扫描模型的眼睛处，然后单击"确定"按钮，完成如图 7-1-67 所示的 DTM2 基准平面的创建。

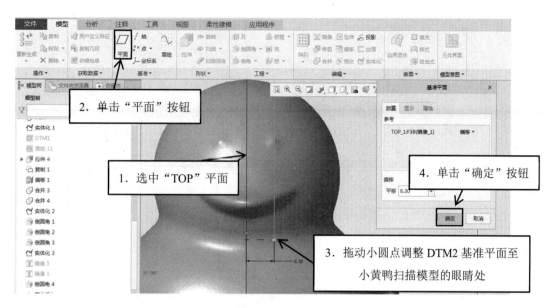

图 7-1-67　DTM2 基准平面的创建

25．使用"旋转"命令创建眼睛特征

选中"DTM2"基准平面为草绘平面，进入草绘界面后，单击"草绘设置"按钮，进入草绘设置界面，如图 7-1-68 所示。弹出"草绘"对话框后，将"草绘视图方向"设为"反向"，然后在"方向"下拉列表中，选择"左"选项，如图 7-1-69 所示调整草绘视图方向，单击"草绘"按钮，完成草绘视图方向设置。

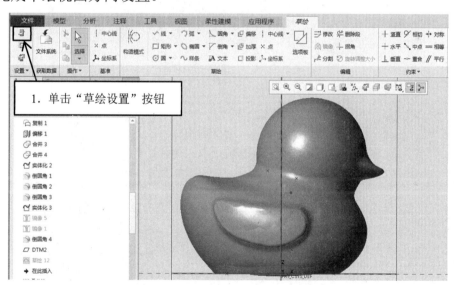

图 7-1-68　进入草绘设置界面

使用"中心线"命令，如图 7-1-70 所示绘制一条中心线，使其经过小黄鸭扫描模型的眼睛处，接着使用"斜矩形"工具，绘制如图 7-1-71 所示的眼睛处的草图，然后单击"确定"按钮。

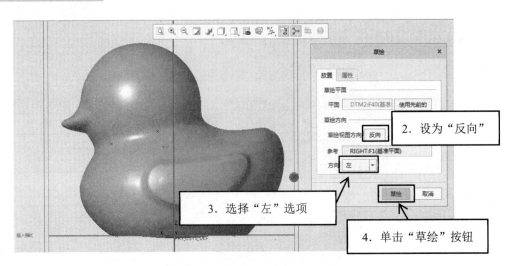

图 7-1-69　调整草绘视图方向

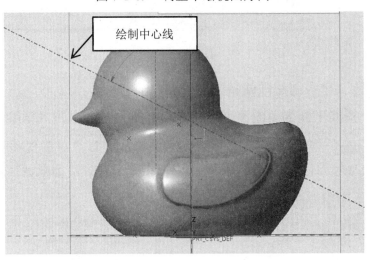

图 7-1-70　绘制一条中心线

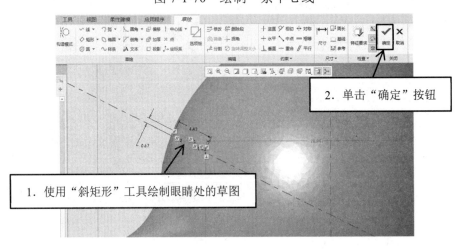

图 7-1-71　眼睛处的草图

　　选中绘制完成的眼睛处草图（即"草绘12"），在"模型"选项卡中单击"形状"组中的"旋转"按钮，旋转眼睛处草图，如图 7-1-72 所示。进入旋转编辑界面后，单击"确定"按钮，完成如图 7-1-73 所示的小黄鸭眼睛处旋转特征的创建。

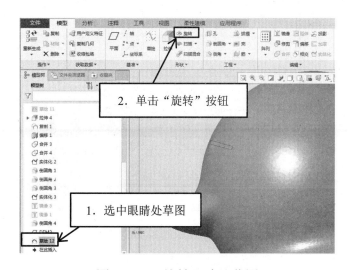

图 7-1-72　旋转眼睛处草图

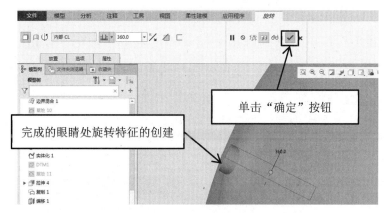

图 7-1-73　小黄鸭眼睛处旋转特征的创建

26. 使用"镜像"命令镜像眼睛特征

选中上一步完成的眼睛处旋转特征（即"旋转 2"），在"模型"选项卡中单击"编辑"组中的"镜像"按钮，进入镜像编辑界面，如图 7-1-74 所示，选中"TOP"平面为镜像平面，单击"确定"按钮，完成眼睛特征的镜像，眼睛镜像效果如图 7-1-75 所示。

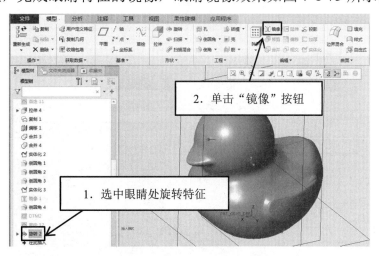

图 7-1-74　进入镜像编辑界面

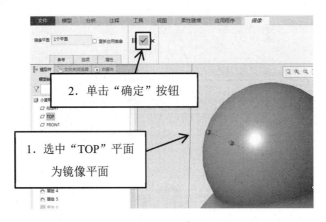

图 7-1-75　眼睛镜像效果

27．眼睛特征倒圆角

如图 7-1-76 所示对眼睛处倒圆角，选中眼睛处圆柱特征的边，在"模型"选项卡中单击"工程"组中的"倒圆角"按钮。输入圆角半径 0.60，单击"确定"按钮，眼睛处倒圆角效果如图 7-1-77 所示。以同样的操作方法，完成眼睛与头部相交处边的倒圆角，圆角半径为 6.20，完成后的眼睛与头部相交处倒圆角的效果如图 7-1-78 所示。

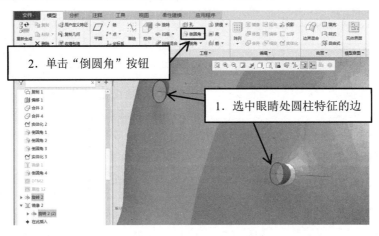

图 7-1-76　对眼睛处倒圆角

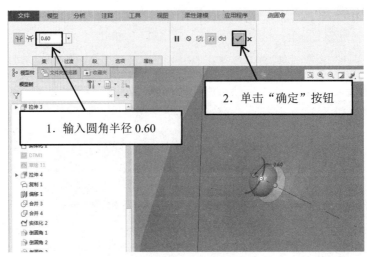

图 7-1-77　眼睛处倒圆角效果

28．使用"拉伸"命令创建嘴巴处拉伸曲面

选中"TOP"平面为草绘平面，进入草绘界面后，单击图形工具条中的"草绘视图"按钮将视图摆正，使用"草绘"组中的"弧"命令，如图 7-1-79 所示绘制圆弧，使其穿过小黄鸭嘴巴处，单击"确定"按钮，完成草图绘制。

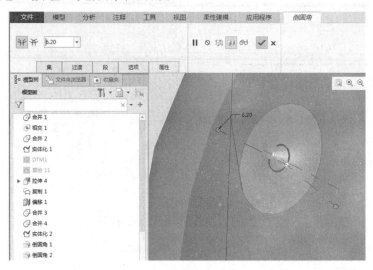

图 7-1-78　完成后的眼睛与头部相交处倒圆角的效果

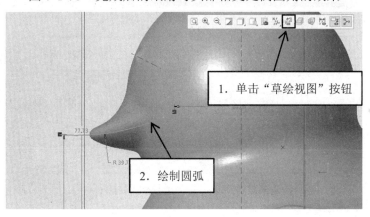

1．单击"草绘视图"按钮

2．绘制圆弧

图 7-1-79　绘制圆弧

选中绘制完成的草图，在"模型"选项卡中单击"形状"组中的"拉伸"按钮，进入拉伸编辑界面的操作步骤如图 7-1-80 所示。进入拉伸编辑界面后，拖动控制拉伸深度的小圆点至穿过小黄鸭头部，然后单击"确定"按钮，完成后的曲面拉伸效果如图 7-1-81 所示。

重复前述操作，选中"FRONT"平面进入草绘界面后，单击"草绘视图"按钮，根据扫描数据，勾画嘴巴处轮廓，并约束圆弧端点处与水平对称中心线夹角为 90°，然后单击"确定"按钮，绘制完成的草图如图 7-1-82 所示。

选中绘制完成的草图，在"模型"选项卡中单击"形状"组中的"拉伸"按钮，进入拉伸编辑界面后，拖动控制拉伸深度的小圆点至穿过小黄鸭嘴巴处，然后单击"确定"按钮，完成如图 7-1-83 所示的曲面拉伸。

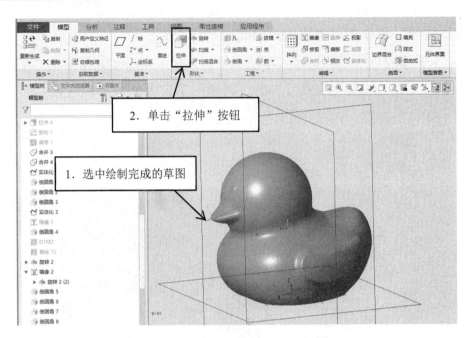

图 7-1-80 进入拉伸编辑界面的操作步骤

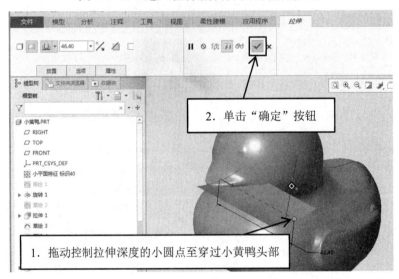

图 7-1-81 完成后的曲面拉伸效果

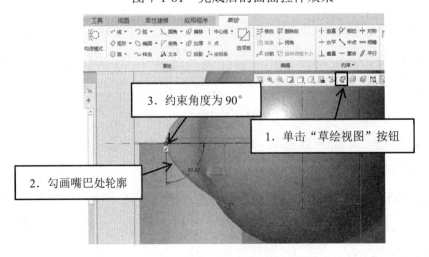

图 7-1-82 绘制完成的草图

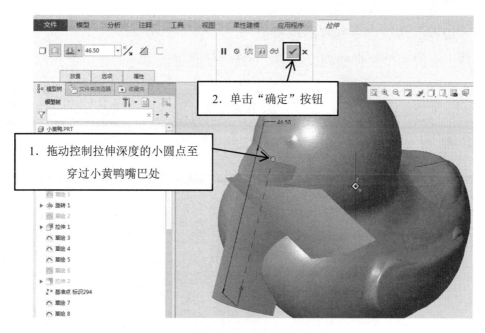

图 7-1-83　曲面拉伸

29．使用"相交"命令创建两个曲面的交线

创建两曲面交线如图 7-1-84 所示，按住 Ctrl 键，选中小黄鸭嘴巴处的两个拉伸曲面，单击"编辑"组中的"相交"按钮。得到的两个曲面的交线效果如图 7-1-85 所示。

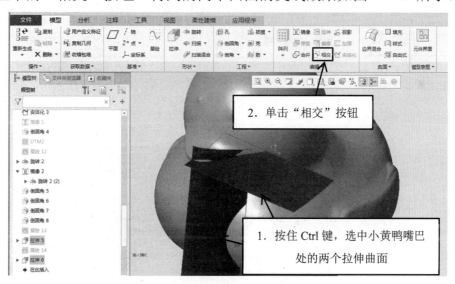

图 7-1-84　创建两曲面交线

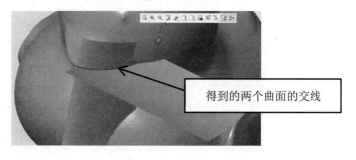

图 7-1-85　得到的两个曲面的交线效果

30．使用"边界混合"命令创建嘴巴特征

隐藏上一步生成的两个拉伸曲面，选中"TOP"平面进入草绘界面，摆正草绘视图后，单击"设置"组中的"参考"按钮，弹出"参考"对话框后，选中上一步中得到的两个曲面交线的左端点为草绘参考点，然后单击"关闭"按钮，完成如图7-1-86所示的草绘参考点的设置。

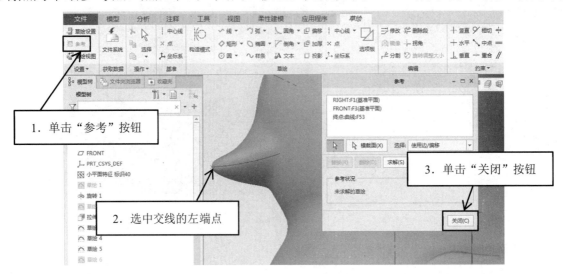

图7-1-86　草绘参考点的设置

根据扫描数据，使用"样条"工具，绘制如图7-1-87所示的嘴巴上部的轮廓草图，然后绘制垂直中心线，且约束草图与垂直中心线相切。单击"确定"按钮，完成草图绘制。

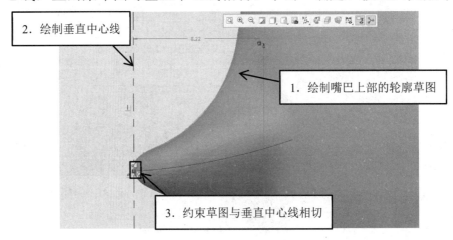

图7-1-87　嘴巴上部的轮廓草图

以同样的操作方法，选中"TOP"平面为草绘平面，绘制如图7-1-88所示的小黄鸭下巴处的轮廓草图。

隐藏小平面特征，在"模型"选项卡中单击"曲面"组中的"边界混合"按钮，进入边界混合编辑界面的操作步骤如图7-1-89所示。进入边界混合编辑界面后，依次选中嘴巴处的曲线1和曲线2，然后单击"确定"按钮，完成如图7-1-90所示的嘴巴上部边界混合曲面特征的创建。

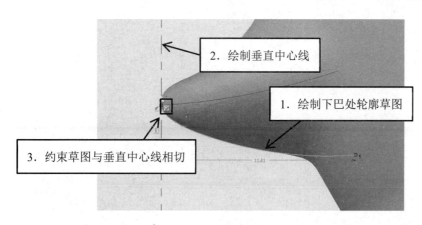

图 7-1-88　小黄鸭下巴处的轮廓草图

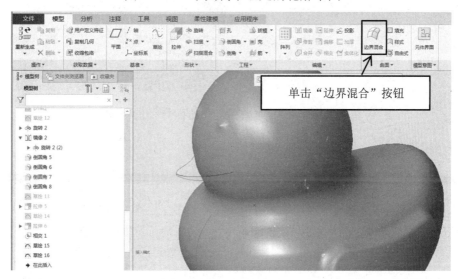

图 7-1-89　进入边界混合编辑界面的操作步骤

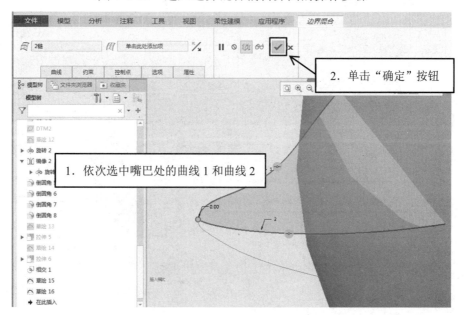

图 7-1-90　嘴巴上部边界混合曲面特征的创建

以同样的操作方法，完成如图 7-1-91 所示的下巴处边界混合曲面特征的创建。

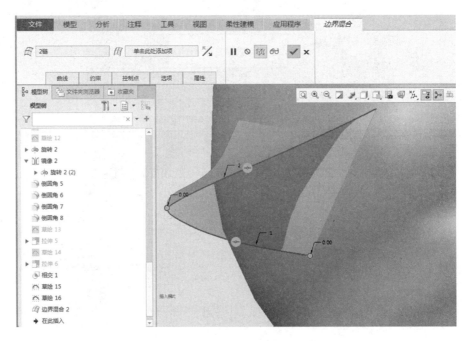

图 7-1-91　下巴处边界混合曲面特征的创建

31．使用"镜像"命令镜像小黄鸭嘴巴特征

选中嘴巴处的两边界混合曲面（即"边界混合 2"和"边界混合 3"），单击"编辑"组中的"镜像"按钮镜像嘴巴处曲面，如图 7-1-92 所示。进入镜像编辑界面后，选中"TOP"平面为镜像平面，将嘴巴处的两边界混合曲面镜像到另一侧，单击"确定"按钮，镜像后的效果如图 7-1-93 所示。

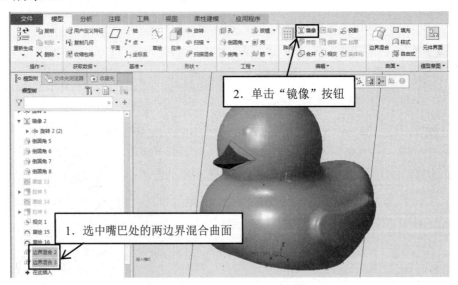

图 7-1-92　镜像嘴巴处曲面

32．合并曲面

选中嘴巴处的 4 个曲面，在"模型"选项卡中单击"编辑"组中的"合并"按钮，进入合并编辑界面的操作步骤如图 7-1-94 所示。进入合并编辑界面后，单击"确定"按钮，

如图 7-1-95 所示完成曲面合并。

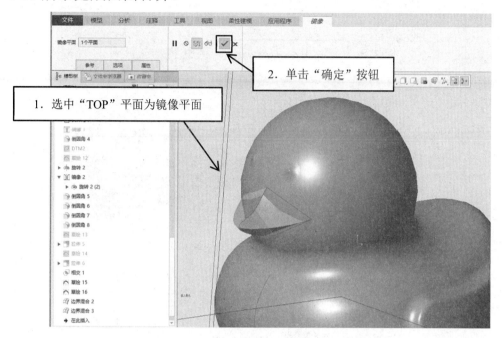

图 7-1-93　镜像后的效果

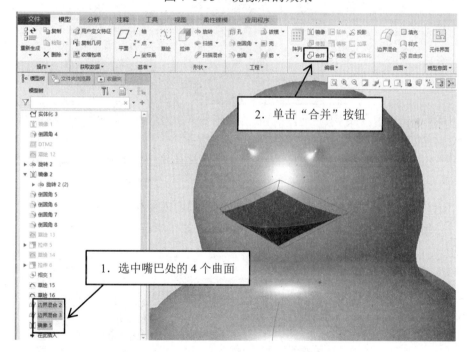

图 7-1-94　进入合并编辑界面的操作步骤

33. 嘴巴特征实体化

选中嘴巴处合并完成的曲面（即"合并5"），在"模型"选项卡中单击"编辑"组中的"实体化"按钮，进入实体化编辑界面的操作步骤如图 7-1-96 所示。进入实体化编辑界面后，调整箭头方向使其朝向小黄鸭头部内侧，单击"确定"按钮，完成如图 7-1-97 所示的嘴巴处曲面的实体化。

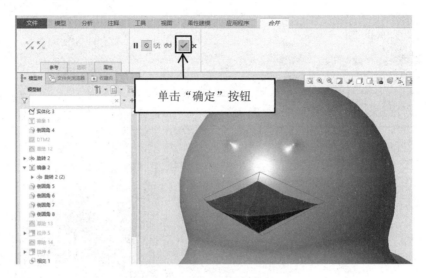

图 7-1-95　完成曲面合并

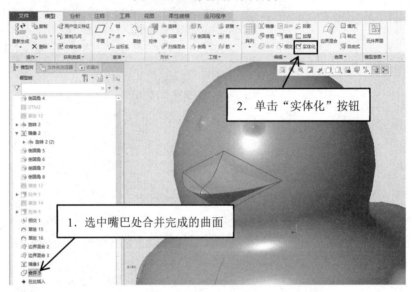

图 7-1-96　进入实体化编辑界面的操作步骤

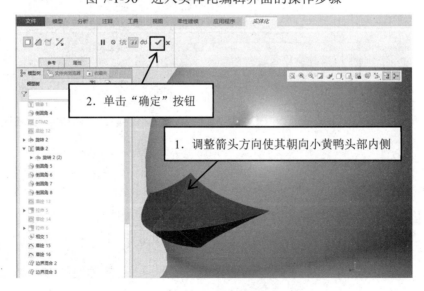

图 7-1-97　嘴巴处曲面的实体化

34．对嘴巴特征倒圆角

选中如图 7-1-98 所示的小黄鸭嘴巴与头部相交的四条边进行倒圆角，圆角半径为 0.90。以同样的操作方法，完成如图 7-1-99 所示的小黄鸭嘴巴处左右两条边的倒圆角，圆角半径为 0.80。

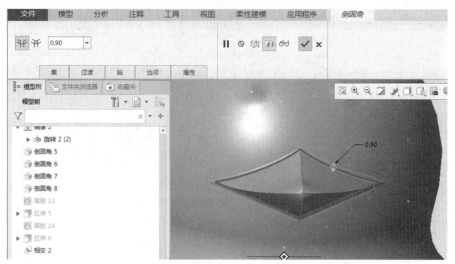

图 7-1-98　小黄鸭嘴巴与头部相交的四条边的倒圆角

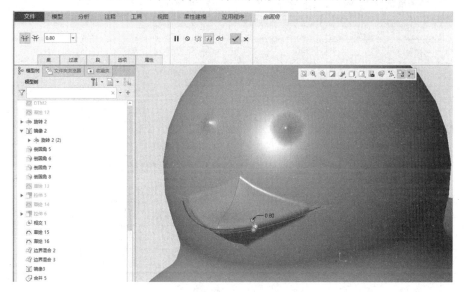

图 7-1-99　小黄鸭嘴巴处左右两条边的倒圆角

图 7-1-100　完成后的小黄鸭效果

35．隐藏小平面特征得到小黄鸭

隐藏小平面特征，完成后的小黄鸭效果如图 7-1-100 所示。

36．保存为 STL 文件

参照项目一中文件保存的操作，将文件另存为"小黄鸭.stl"，将弦高设置为 0.01，然后单击"确定"按钮。图 7-1-101 所示为设置弦高的操作步骤。

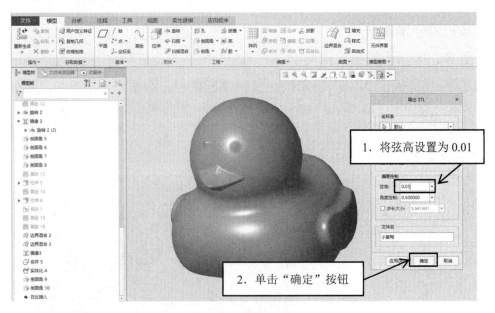

1. 将弦高设置为 0.01

2. 单击"确定"按钮

图 7-1-101　设置弦高的操作步骤

逆向建模任务评价表

序号	检测项目	配分	评分标准	自评	组评	师评
1	头部特征	10	是否有该特征			
2	身体特征	20	是否有该特征			
3	翅膀特征	15	是否有该特征			
4	眼睛特征	10	是否有该特征			
5	嘴巴特征	20	是否有该特征			
6	倒圆角特征	5	是否有该特征			
7	文件导出	5	导出文件弦高设置是否正确			
8	与原模型匹配程度	10	根据逆向建模匹配程度酌情评分			
9	其他	5	根据是否出现其他问题酌情评分			
10	合计					
	互评学生姓名					

任务二　3D 打印

1. 导入文件

切片操作视频

双击切片软件图标启动该软件。单击"载入"按钮，选择上一步导出的"小黄鸭.stl"文件，单击"打开"按钮，导入后的小黄鸭模型摆放图如图 7-2-1 所示。

2. 摆正模型

单击"旋转"按钮旋转物体，单击"放平"按钮，即可如图 7-2-2 所示将模型摆正。

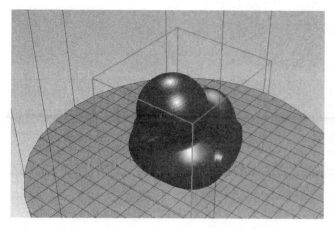

图 7-2-1　导入后的小黄鸭模型摆放图

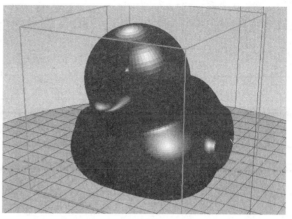

图 7-2-2　将模型摆正

> 💬 **思考问题**：模型的摆放要注意什么？小黄鸭模型的摆放原则是什么？

3. 切片软件设置

（1）单击"切片软件"按钮，输入打印速度为 60～70mm/s，质量为 0.2mm，填充密度为 30%。单击"配置"按钮，设置速度参数保持默认并输入质量参数为 0.2mm，设置完成后单击"保存"按钮，将参数保存。

（2）单击"结构"按钮，设置参数，外壳厚度和顶层/底层厚度均为 1.2mm，其余参数保持默认。

 技能加油站

1. 台阶效应

由于 FDM 加工工艺采用的是逐层填充、层层叠加的技术方式，且由丝料黏接而成的每层截面会具有一定的厚度，因此在加工弧形零件时，必然会产生零件表面的正、负误差，这种难以避免的成型问题被称为"台阶效应"。

2. 减小台阶效应的操作方法

（1）通过调节工艺参数中的层厚来降低此类零件表面成型质量问题。层厚数值越小，要加工的层面数量越多，则组成零件的切片截面会使制件外表面更加平坦光滑。但是若层厚数值过小，则加工所需时间也就越长，反而影响成型效率。

（2）通过调节分层填充方向进行控制。在层厚参数恒定不变的情况下，可以通过合理变化分层填充方向来减少台阶效应引起的零件表面粗糙问题。

4. 切片导出

单击"开始切片"按钮进行切片，切片完成后，单击"保存"按钮，将切片数据导出到

SD 卡中，文件保存类型为 GCode，然后将 SD 卡插进 3D 打印机进行打印。

3D 打印任务评价表

序号	检测项目	配分	评分标准	自评	组评	师评
1	打印操作	10	是否进行调平（5）			
			操作是否规范（5）			
2	模型底部	10	模型底部是否平整			
3	整体外观	10	外观是否光顺无断层、无溢料			
4	头部特征	10	头部特征是否残缺			
5	身体特征	15	身体特征是否光顺无残缺			
6	翅膀特征	10	翅膀特征是否残缺			
7	嘴巴特征	10	嘴巴特征是否残缺			
8	眼睛特征	5	眼睛特征是否残缺			
9	支撑处理	10	支撑是否去除干净、无毛刺			
10	其他	10	根据是否出现其他问题酌情评分			
11			合计			
互评学生姓名						

 项目拓展

完成如图 7-2-3 所示企鹅的逆向建模与 3D 打印。

图 7-2-3　企鹅

项目八

小牛蓝牙音箱逆向建模与 3D 打印

项目描述 ──────────────────────────────●

　　小牛造型憨厚可爱，深受小朋友喜欢，经常在各类玩具中出现。本项目拟人化了的小牛蓝牙音箱造型包含多个特征，通过学习能较好地提升学生综合运用各种建模工具完成建模的能力。

项目目标 ──────────────────────────────●

　　1. 掌握对称特征的零件建模方法。

　　2. 熟练掌握偏移命令，完成特征建模。

　　3. 熟练掌握扫描命令。

项目完成效果图 ──────────────────────────●

　　完成后的小牛蓝牙音箱效果图如图 8-1-1 所示。

图 8-1-1　完成后的小牛蓝牙音箱效果图

项目实施

任务一　逆向建模

逆向建模步骤视频

1．导入数据

导入"小牛蓝牙音箱"扫描数据，并对小平面进行分样精简。模型导入并分样后的效果如图 8-1-2 所示。

2．摆正视图

选中"TOP"平面，单击图形工具条中的"已保存方向"按钮，在打开的下拉列表中，如图 8-1-3 所示选择"视图法向"选项，摆正后的视图效果如图 8-1-4 所示。

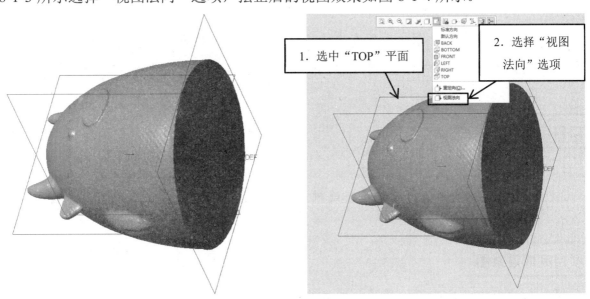

图 8-1-2　模型导入并分样后的效果　　　　图 8-1-3　选择"视图法向"选项

3．使用"旋转"命令创建主体特征

选中"TOP"平面，在弹出的浮动工具条中单击"草绘"按钮，进入草绘界面，如图 8-1-5 所示。

根据扫描数据，绘制外轮廓草图，绘制中心线，单击"确定"按钮，完成后的旋转主体截面草图如图 8-1-6 所示。

将小平面特征隐藏，在"模型"选项卡中单击"形状"组中的"旋转"按钮，选择上一步绘制完成的草图（即"草绘 1"），单击"确定"按钮，完成主体旋转特征。图 8-1-7 所示为主体旋转特征效果图。

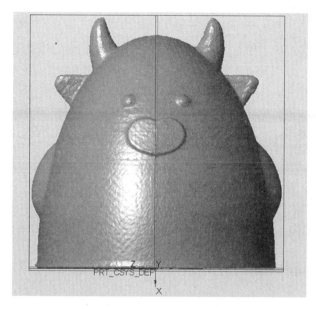

图 8-1-4　摆正后的视图效果

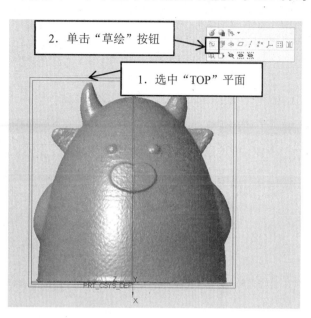

图 8-1-5　进入草绘界面

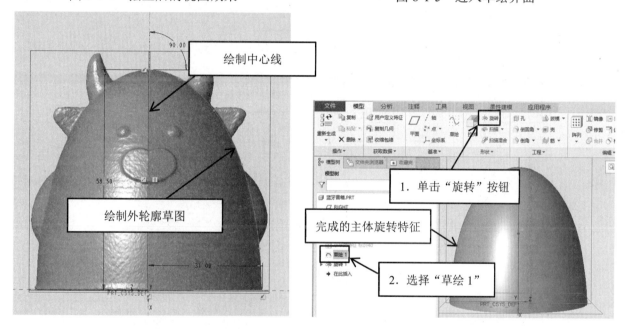

图 8-1-6　完成后的旋转主体截面草图

图 8-1-7　主体旋转特征效果图

4. 使用"扫描混合"命令创建牛角特征

显示小平面特征，选中"RIGHT"平面，重复前述操作进入草绘界面，单击"草绘"组中的"样条"按钮，参考牛角的形状绘制样条曲线，绘制出如图 8-1-8 所示的牛角扫描轨迹，单击"确定"按钮，完成草绘。

单击"扫描混合"按钮，打开如图 8-1-9 所示的扫描混合截面 1，选择"截面"选项卡，在打开的"截面"对话框中，选中"截面 1"选项，单击"草绘"按钮，进入草绘界面。以轨迹的端点为圆心绘制圆，直径为 9mm，单击"确定"按钮，绘制圆完成后的效果如图 8-1-10 所示。

207

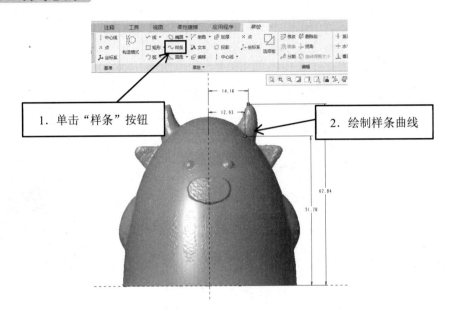

图 8-1-8　牛角扫描轨迹

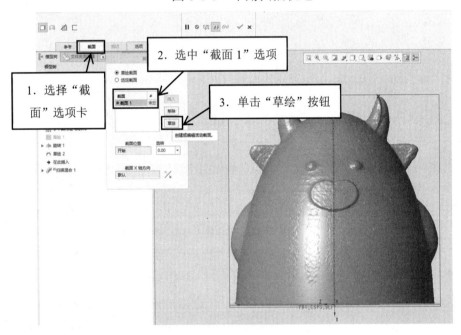

图 8-1-9　扫描混合截面 1

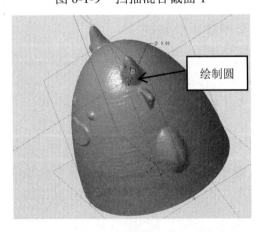

图 8-1-10　绘制圆完成后的效果

在"截面"对话框中，单击"插入"按钮插入"截面 2"，选择"截面 2"选项，再单击"草绘"按钮。插入"截面 2"的操作步骤如图 8-1-11 所示。在图 8-1-12 所示的坐标点上绘制一个点，单击"确定"按钮，完成草绘。

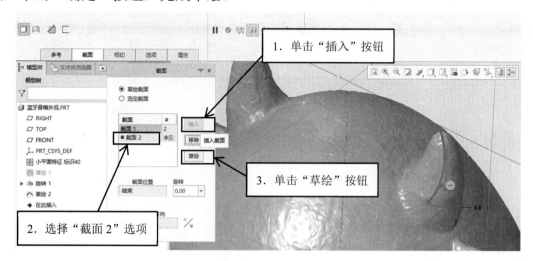

图 8-1-11　插入"截面 2"的操作步骤

选择"相切"选项卡，在如图 8-1-13 所示的"相切"选区中，选择"终止截面"选项，打开"条件"下拉列表，选择"平滑"选项，单击"确定"按钮，完成牛角的逆向建模。

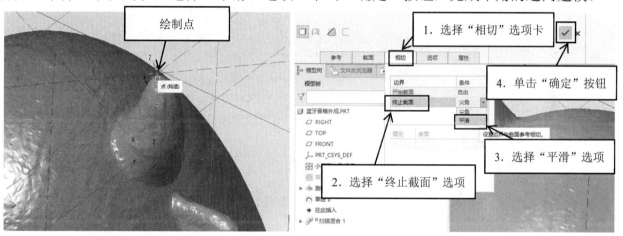

图 8-1-12　绘制点　　　　　图 8-1-13　牛角逆向建模的操作步骤

5．摆正视图

参照图 8-1-14 所示的操作摆正视图。

6．绘制草图

在"模型"选项卡中单击"基准"组中的"草绘"按钮，选中"TOP"平面，进入草绘界面，如图 8-1-15 所示。

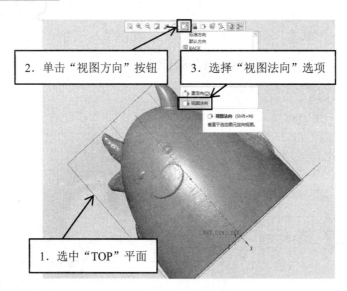

图 8-1-14　摆正视图

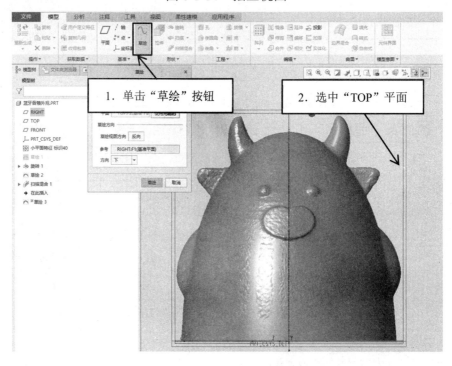

图 8-1-15　进入草绘界面

参考耳朵扫描数据，绘制其外轮廓草图，单击"确定"按钮，完成如图 8-1-16 所示的耳朵草图。

7. 拉伸特征

选中上一步绘制完成的草图，在"模型"选项卡中单击"形状"组中的"拉伸"按钮，进入拉伸编辑界面，单击"选项"选项卡，在"深度"选区中，在"侧 1"和"侧 2"的两个下拉列表中均选择"盲孔"选项，拉伸深度值分别输入 1.50 和 2.50，拉伸设置如图 8-1-17 所示。单击"确定"按钮，完成后的拉伸效果如图 8-1-18 所示。

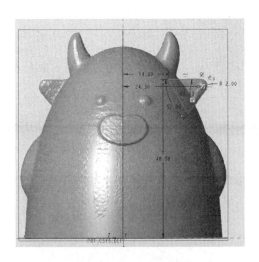

图 8-1-16　耳朵草图

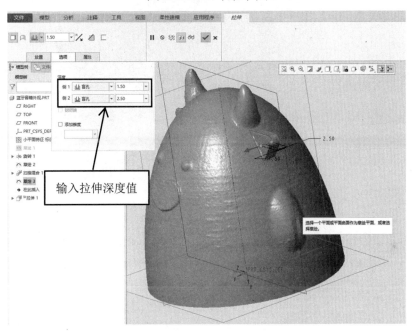

图 8-1-17　拉伸设置

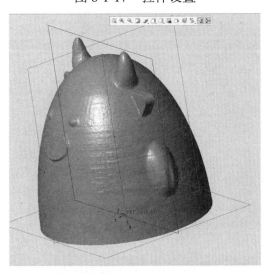

图 8-1-18　完成后的拉伸效果

8．倒圆角特征

选中上一步完成的拉伸特征棱边，在弹出的浮动工具条中单击"倒圆角"按钮，输入前端圆角半径1.5，后端圆角半径为2.5，完成如图8-1-19所示的倒圆角。

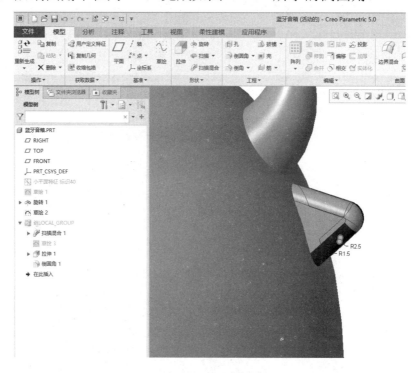

图 8-1-19　倒圆角

9．使用"旋转"命令创建手臂特征

选中"RIGHT"平面，在弹出的浮动工具条中单击"草绘"按钮，进入草绘界面。绘制如图8-1-20所示的旋转截面草图，单击"确定"按钮，完成草绘。

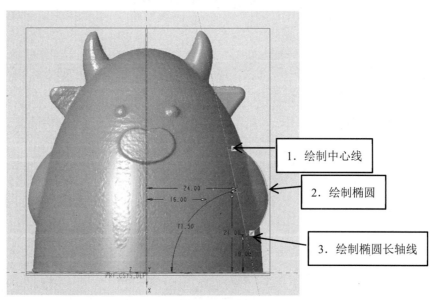

图 8-1-20　旋转截面草图

选中上一步绘制完成的草图（即"草绘 4"），单击"旋转"按钮，完成如图 8-1-21 所示的手臂特征的绘制。

10．倒圆角

隐藏小平面特征，选中牛角、耳朵、手臂的棱边，在弹出的浮动工具条中单击"倒圆角"按钮进行倒圆角，牛角和耳朵的圆角半径为 1mm，手臂的圆角半径为 1.5mm，倒圆角完成后的效果如图 8-1-22 所示。

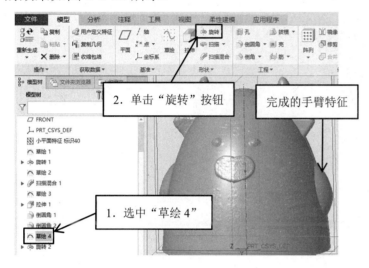

图 8-1-21　手臂特征的绘制　　　　　　　　图 8-1-22　倒圆角完成后的效果

11．使用"曲面偏移"命令创建牛鼻子特征

显示小平面特征，如图 8-1-23 所示，选中要偏移的曲面，在"模型"选项卡中单击"编辑"组中的"偏移"按钮。

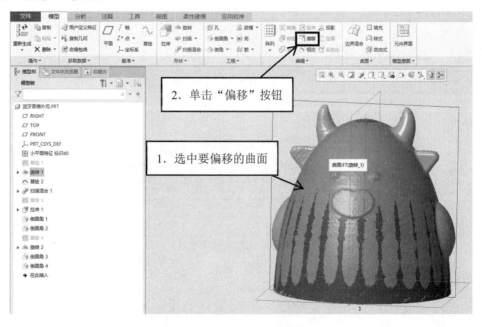

图 8-1-23　偏移曲面的操作步骤

在弹出的"偏移"选项卡中，打开"偏移类型"下拉列表，选择"具有拔模特征"选项，如图 8-1-24 所示。

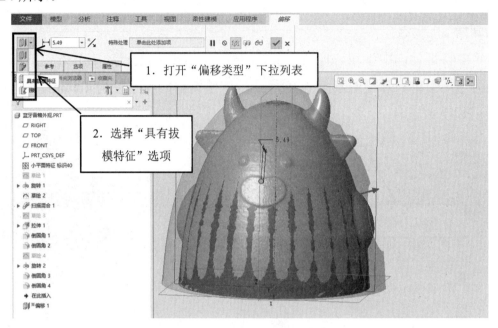

图 8-1-24　选择"具有拔模特征"选项

单击"参考"选项卡，然后单击"定义"按钮，如图 8-1-25 所示设置参考栏目。

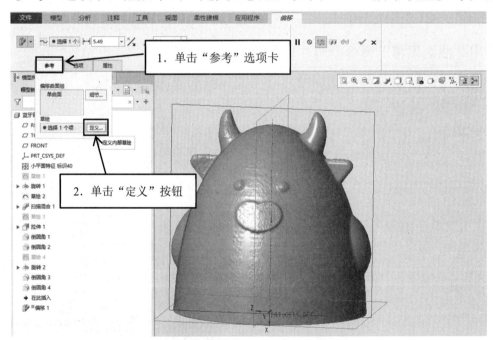

图 8-1-25　设置参考栏目

在弹出的"草绘"对话框中，选中"TOP"平面，单击"反向"按钮并调换箭头方向（箭头方向表示偏移投影方向，根据模型特征，本次偏移的投影方向应该指向正面，所以箭头应指向前），然后单击"草绘"按钮，进入草绘界面。图 8-1-26 所示为偏移曲面草绘平面的设置。

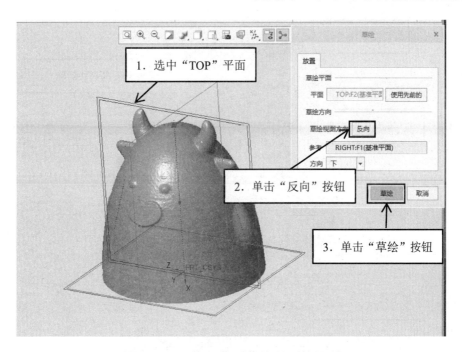

图 8-1-26　偏移曲面草绘平面的设置

执行图 8-1-27 所示的操作将视图摆正。

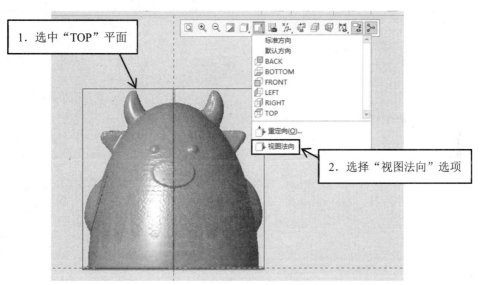

图 8-1-27　摆正视图

在"草绘"选项卡中单击"样条"按钮，参考扫描数据，绘制中心线，绘制鼻子右侧外轮廓草图，然后镜像左侧曲线。绘制的鼻子外轮廓草图如图 8-1-28 所示。

在偏移编辑界面中，输入曲面偏移值为 1.00，输入拔模角度值为 20.0，单击"确定"按钮，完成鼻子特征的绘制。图 8-1-29 所示为设置曲面偏移值和拔模角度值的操作步骤。

12．倒圆角

选中牛鼻子的棱边，在弹出的浮动工具条中单击"倒圆角"按钮，中心直边圆角半径为 1mm，底、顶轮廓边圆角半径为 0.5mm，鼻子倒圆角完成后的效果如图 8-1-30 所示。

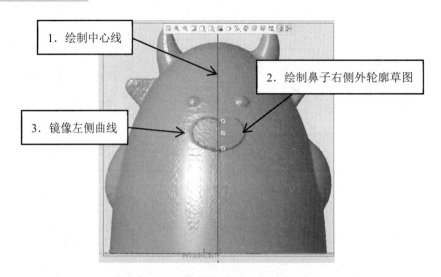

图 8-1-28　绘制的鼻子外轮廓草图

图 8-1-29　设置曲面偏移值和拔模角度值的操作步骤

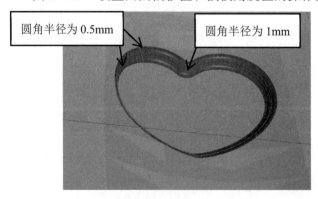

图 8-1-30　鼻子倒圆角完成后的效果

技能加油站

偏移曲面有四种方式：标准偏移、具有拔模特征的曲面偏移、具有展开特征的偏移和具有替换曲面特征的偏移。

1. 标准偏移

选中需要偏移的曲面，在"模型"选项卡中单击"编辑"组中的"偏移"按钮，进入偏移编辑界面后，在"偏移类型"下拉列表中选择"标准偏移"选项，然后输入偏移距离和方向。标准偏移的操作步骤如图 8-1-31 所示。

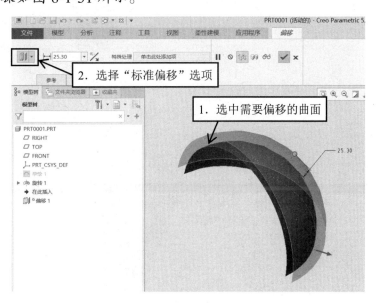

图 8-1-31　标准偏移的操作步骤

2. 具有拔模特征的曲面偏移

具有拔模特征的曲面偏移，需要定义一个草绘，确定偏移范围。选择绘制平面的操作步骤如图 8-1-32 所示，在"偏移类型"下拉列表中选择"具有拔模特征"选项，单击"参考"选项卡，在"草绘"选区中，单击"定义"按钮，选择"RIGHT"面为草绘面，草绘一个圆，然后单击"确定"按钮，完成草绘。在"偏移"选项卡中输入偏移距离和方向，完成后的拔模特征效果如图 8-1-33 所示。

3. 具有展开特征的偏移

该偏移操作与具有拔模特征的偏移操作类似，只是这种偏移无拔模角度，只沿着曲面的法线方向进行偏移。具有展开特征的偏移操作步骤如图 8-1-34 所示。

4. 具有替换曲面特征的偏移

在"偏移类型"下拉列表中，选择"替换曲面特征"选项，进入偏移编辑界面，选中要替换的原曲面，然后选中新曲面，具有替换曲面特征的偏移操作步骤如图 8-1-35 所示。

逆向建模与3D打印技术

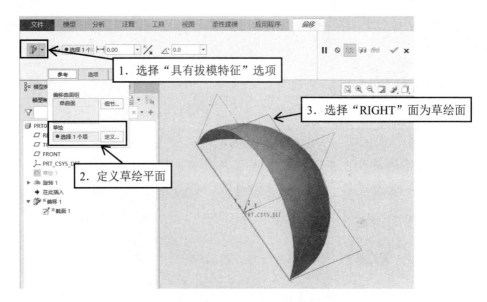

图 8-1-32　选择绘制平面的操作步骤

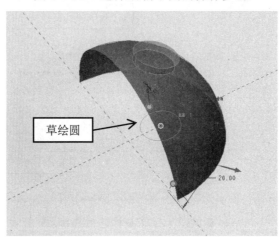

图 8-1-33　完成后的拔模特征效果

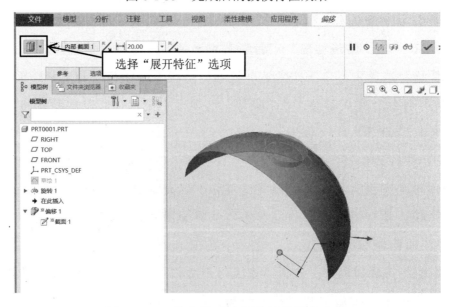

图 8-1-34　具有展开特征的偏移操作步骤

218

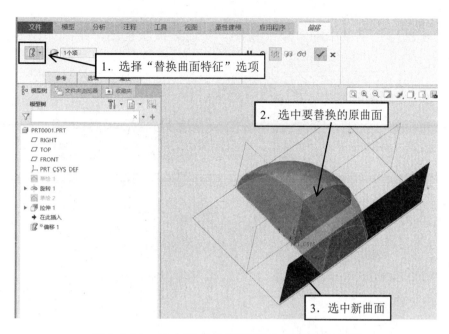

图 8-1-35　具有替换曲面特征的偏移操作步骤

13．创建 DTM1 基准平面

选中"FRONT"平面，在"模型"选项卡中单击"基准"组中的"平面"按钮，在打开的"基准平面"对话框中，输入偏移距离 7.00。创建 DTM1 基准平面的操作步骤如图 8-1-36 所示。

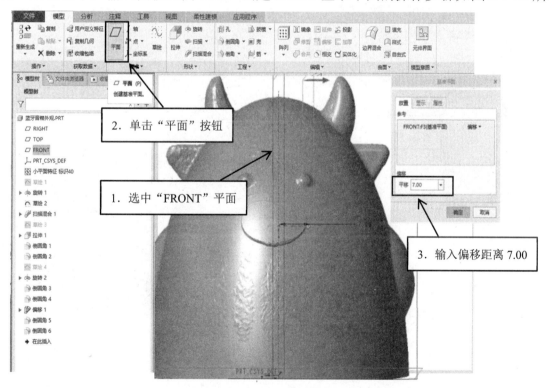

图 8-1-36　创建 DTM1 基准平面的操作步骤

14．绘制草图

选中上一步创建的 DTM1 基准平面，在弹出的浮动工具条中单击"草绘"按钮，进入草绘界面,然后单击图形工具条中的"草绘视图"按钮,摆正视图,绘制如图 8-1-37 所示的眼睛旋转特征草图。

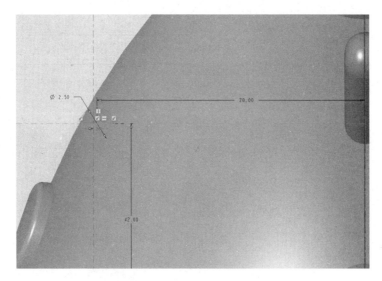

图 8-1-37　眼睛旋转特征草图

15．使用"旋转"命令创建牛眼睛特征

在"模型"选项卡中单击"形状"组中的"旋转"按钮,选择上一步绘制完成的草图,创建出如图 8-1-38 所示的眼睛特征。

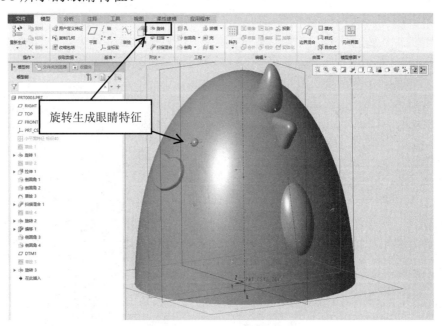

图 8-1-38　眼睛特征

16．分组特征并镜像

在"模型树"选项卡中选中"草绘 2"特征,按住 Shift 键,选中"旋转 3"特征(选中"牛角""耳朵""眼睛""手臂"四个特征),在弹出的浮动工具条中单击"分组"按钮,创建一个局部组,如图 8-1-39 所示。

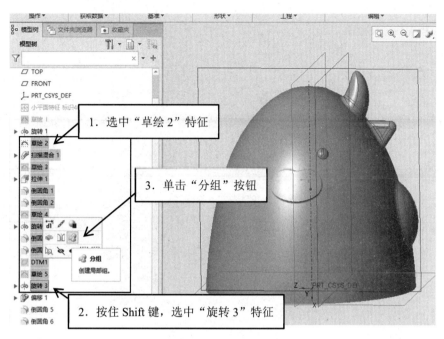

图 8-1-39　创建局部组

选中上一步创建的局部组，在弹出的浮动工具条中单击"镜像"按钮，选择中间平面作为镜像平面，将"分组"特征镜像至左侧，如图 8-1-40 所示。

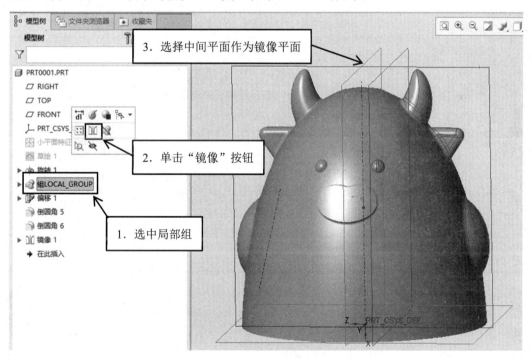

图 8-1-40　将"分组"特征镜像至左侧

17. 保存为 STL 文件

参照项目一中文件保存的操作，将文件另存为"小牛蓝牙音箱.stl"，并如图 8-1-41 所示设置弦高。

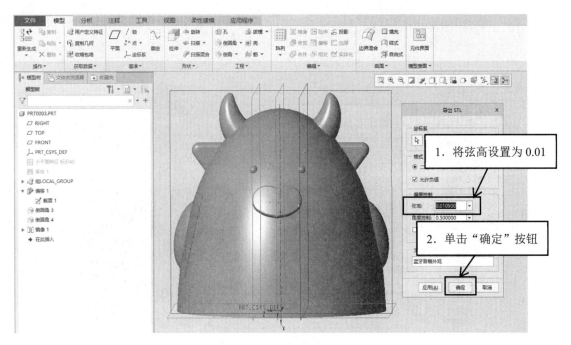

图 8-1-41　设置弦高

逆向建模任务评价表

序号	检测项目	配分	评分标准	自评	组评	师评
1	主体特征	10	是否有该特征，无则全扣			
2	牛角特征	15	是否有该特征，无则全扣			
3	耳朵特征	10	是否有该特征，无则全扣			
4	手臂特征	10	是否有该特征，无则全扣			
5	鼻子特征	15	是否有该特征，无则全扣			
6	眼睛特征	10	是否有该特征，无则全扣			
7	文件导出	10	导出文件弦高设置是否正确			
8	与原模型匹配程度	10	根据逆向建模匹配程度酌情评分			
9	其他	10	根据是否出现其他问题酌情评分			
10			合计			
	互评学生姓名					

任务二　3D 打印

切片操作视频

1. 导入文件

双击切片软件图标启动该软件。单击"载入"按钮，选择上一步导出的"小牛蓝牙音箱.stl"文件，单击"打开"按钮，导入后的小牛蓝牙音箱外观模型摆放图如图 8-2-1 所示。

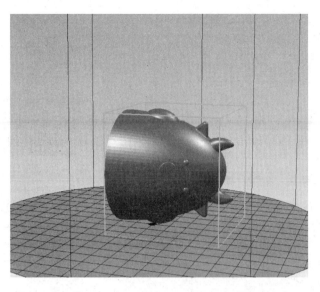

图 8-2-1　导入后的小牛蓝牙音箱外观模型摆放图

2. 摆正模型

单击"旋转"按钮旋转物体，在打开的如图 8-2-2 所示的"物体放置"选项卡中，Y 轴数值设为 90，并如图 8-2-3 所示将模型摆正。

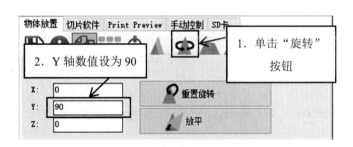

图 8-2-2　"物体放置"选项卡　　　　　　图 8-2-3　将模型摆正

知识加油站

模型摆放原则：

（1）模型体积大的一端尽量朝下，避免出现头重脚轻的问题。

（2）选择平面作为底面，与平台接触的底面，面积要尽可能大。

3. 切片软件设置

（1）单击"切片软件"按钮，输入打印速度为 60～70mm/s，质量为 0.2mm，填充密度为 20%。单击"配置"按钮，设置速度参数保持默认并输入质量参数为 0.2mm，设置完成后单击

"保存"按钮，将参数保存。

（2）单击"结构"按钮，设置参数，外壳厚度和顶层/底层厚度均为1.2mm，其余参数保持默认。

（3）单击"挤出"按钮，如图8-2-4所示设置回抽参数，输入回抽速度为40mm/s，回抽距离为5mm，其余参数保持默认，设置完成后单击"保存"按钮，将参数保存。

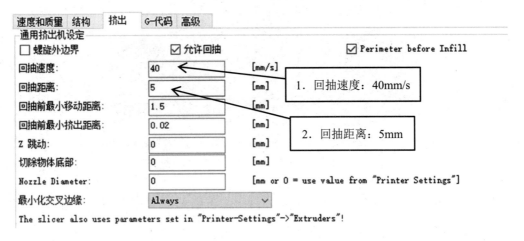

图8-2-4　设置回抽参数

 思考问题：打印的速度是不是越快越好？

 技能加油站

如果线材不能移动，但齿轮却在继续转动，这时齿轮可能会从线材上刨掉部分塑料，以致齿轮没地方再抓住线材，这种情况称为"刨料"。"刨料"现象产生的原因及解决方法如下。

（1）挤出机温度过低，解决方法是提高挤出机温度（如把挤出机的温度提高5～10℃），以便于塑料挤出。

（2）打印速度过快，解决方法是降低打印速度，以使挤出机的电机转速降低，挤出线材的时间变长，从而避免刨料。

（3）喷嘴堵塞，在提高挤出机温度和降低打印速度之后，如果仍然有刨料的问题，那么可能是喷嘴堵塞了，解决方法是拆除喷嘴，疏通喷嘴流道。

4．切片导出

单击"开始切片"按钮进行切片，切片完成后，单击"保存"按钮，将切片数据导出到SD卡中，文件保存类型为GCode，然后将SD卡插进3D打印机进行打印。

3D 打印任务评价表

序号	检测项目	配分	评分标准	自评	组评	师评
1	打印操作	10	是否进行调平（5）			
			操作是否规范（5）			
2	模型底部	10	模型底部是否平整			
3	整体外观	10	外观是否光顺无断层、无溢料			
4	主体特征	10	主体特征是否残缺			
5	牛角特征	15	牛角特征是否无拉丝、无残缺			
6	手臂特征	10	手臂特征是否残缺			
7	鼻子特征	10	鼻子特征是否残缺			
8	眼睛特征	5	眼睛特征是否残缺			
9	支撑处理	10	支撑是否去除干净、无毛刺			
10	其他	10	根据是否出现其他问题酌情评分			
11			合计			
互评学生姓名						

 项目拓展

完成如图 8-2-5 所示智能牛 AI 音箱外观的逆向建模与 3D 打印。

图 8-2-5　智能牛 AI 音箱外观

225

项目九
筋膜枪逆向建模与 3D 打印

项目描述 --●

　　筋膜枪是一款通过快速重复击打肌肉，实现对肌肉的按摩放松及理疗恢复的仪器，其外壳一般由 ABS 材料注塑成型。筋膜枪的外形主要由回转体组成，其建模难点在于回转体之间的交接圆角的平滑过渡。

项目目标 --●

　　1. 熟练掌握扫描命令。

　　2. 能运用边界曲面的修补功能，实现圆角的平滑过渡。

　　3. 掌握该零件的 3D 打印成型方法。

项目完成效果图 ----------------------------------●

　　完成后的筋膜枪效果图如图 9-1-1 所示。

图 9-1-1　完成后的筋膜枪效果图

项目实施

任务一　逆向建模

逆向建模步骤视频

1. 导入数据

导入"筋膜枪"扫描数据，并对小平面进行分样精简。模型导入并分样后的效果如图 9-1-2 所示。

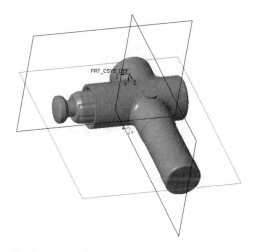

图 9-1-2　模型导入并分样后的效果

2. 摆正视图

选中"TOP"平面，在弹出的浮动工具条中单击"视图法向"按钮，摆正视图的操作步骤如图 9-1-3 所示，摆正后的视图效果如图 9-1-4 所示。

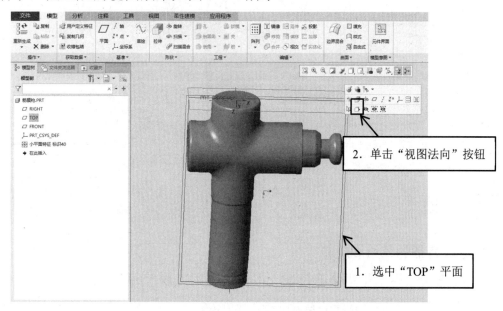

图 9-1-3　摆正视图的操作步骤

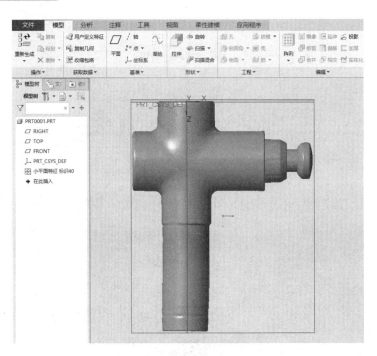

图 9-1-4　摆正后的视图效果

选中"TOP"平面，在弹出的浮动工具条中单击"草绘"按钮，选择草绘平面的操作如步骤图 9-1-5 所示。进入草绘界面后，单击"草绘视图"按钮，摆正后的草绘视图如图 9-1-6 所示。

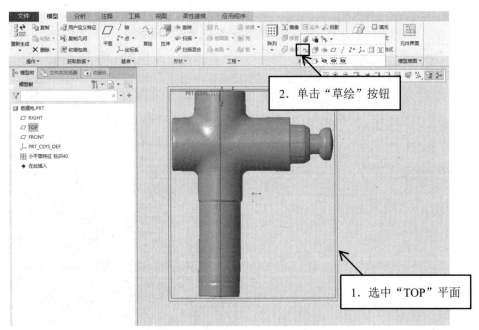

图 9-1-5　选择草绘平面的操作步骤

3．主体特征的草绘和旋转

在图形工具条中单击"修剪模型"按钮，利用"线""弧""样条""圆角"等命令完成如图 9-1-7 所示的水平中间部分的草绘。

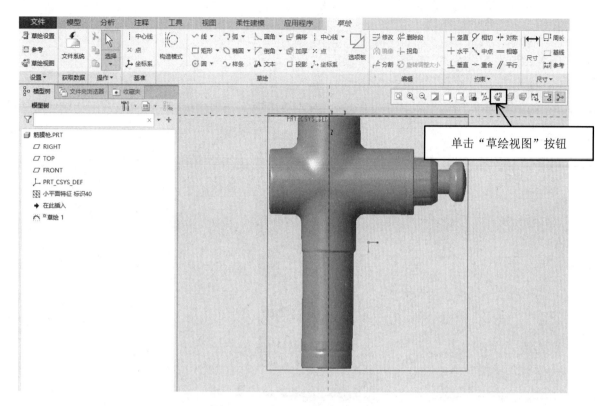

图 9-1-6　摆正后的草绘视图

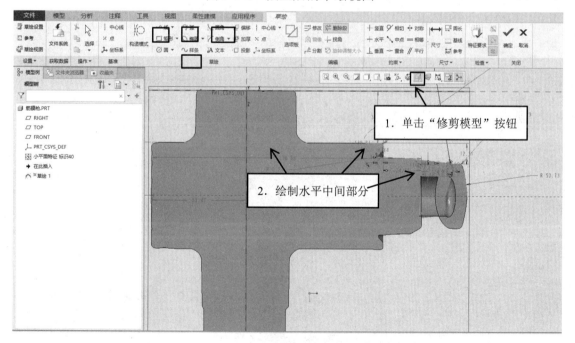

图 9-1-7　水平中间部分的草绘

在"模型"选项卡中单击"形状"组中的"旋转"按钮，进入旋转编辑界面，如图 9-1-8 所示。输入旋转角度数值为 180.0，单击"确定"按钮，完成后的旋转效果图如图 9-1-9 所示。

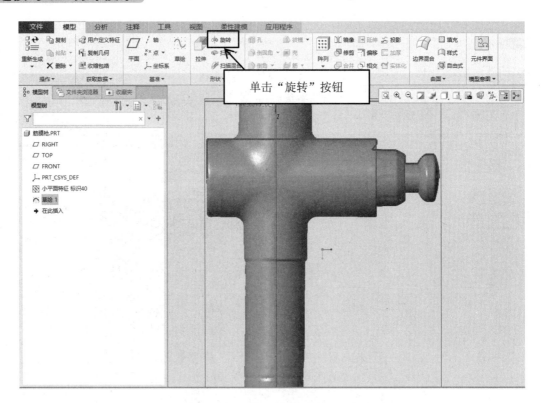

图 9-1-8　进入旋转编辑界面

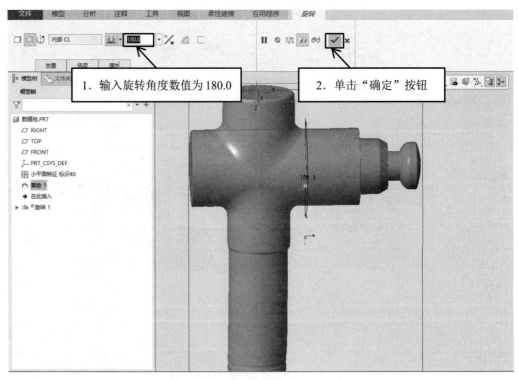

图 9-1-9　完成后的旋转效果图

用同样的方法，完成竖直中间部分的草绘并旋转，完成后的竖直部分效果图如图 9-1-10 所示。（注意：要分成上下两部分）

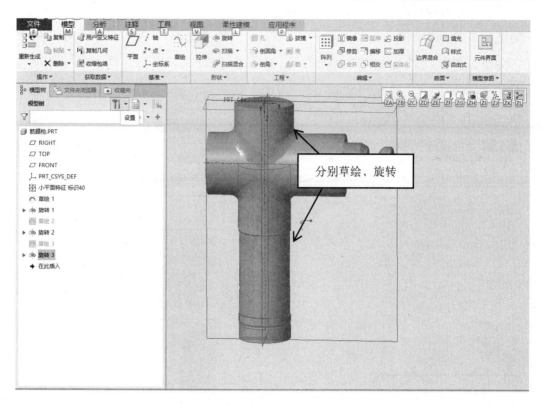

图 9-1-10　完成后的竖直部分效果图

4．修剪相贯面

为了更好地实现相贯处的曲面连接，需要对原有的连接面进行修剪。分别绘制四段相贯线并对其进行拉伸，如图 9-1-11 所示。（注意：相贯线用圆弧绘制）

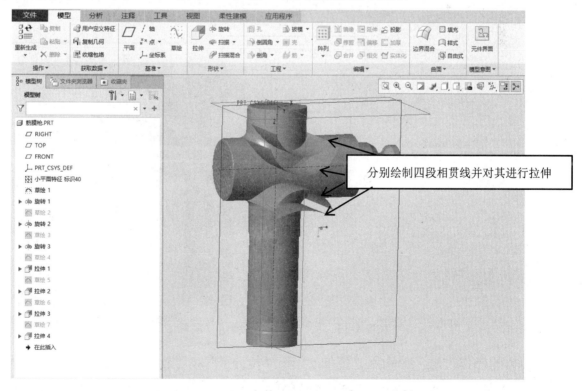

图 9-1-11　分别绘制四段相贯线并对其进行拉伸

在"模型树"选项卡中，选中"旋转2"特征，在"模型"选项卡中单击"编辑"组中的"修剪"按钮，进入"曲面修剪"界面，如图9-1-12所示。打开"曲面修剪"界面后，如图9-1-13所示用"拉伸1"修剪"旋转2"，选中"拉伸1"特征，参照图9-1-13调整曲面保留方向，然后单击"确定"按钮。

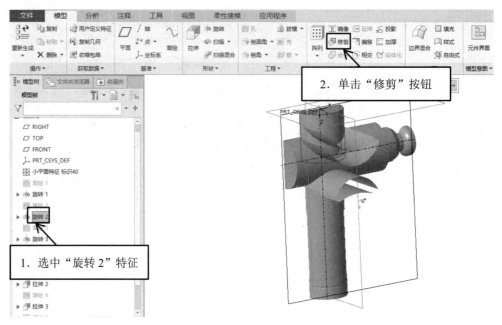

图9-1-12　进入"曲面修剪"界面

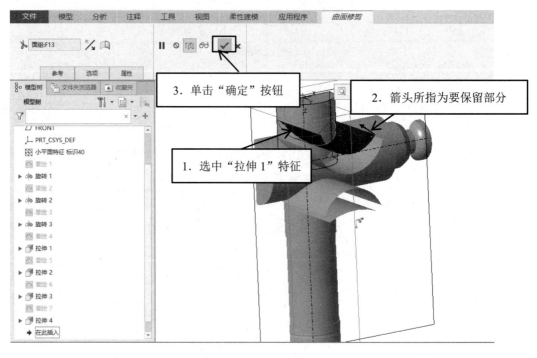

图9-1-13　用"拉伸1"修剪"旋转2"

以同样的操作方法，分别用"拉伸2"和"拉伸3"对"旋转1"进行修剪，用"拉伸4"对"旋转3"进行修剪，然后隐藏拉伸面。图9-1-14所示为修剪相贯面完成后的效果图。

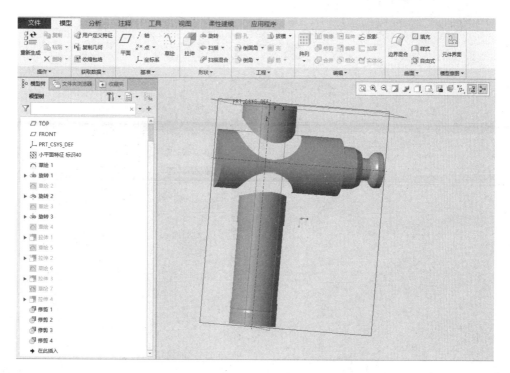

图 9-1-14　修剪相贯面完成后的效果图

5. 绘制样条曲线

在"模型"选项卡中单击"编辑"组的"相交"按钮，选中各个部分曲面与"RIGHT"平面，找到各旋转面与"RIGHT"平面的交线，如图 9-1-15 所示。在"RIGHT"平面上绘制样条曲线，如图 9-1-16 所示。

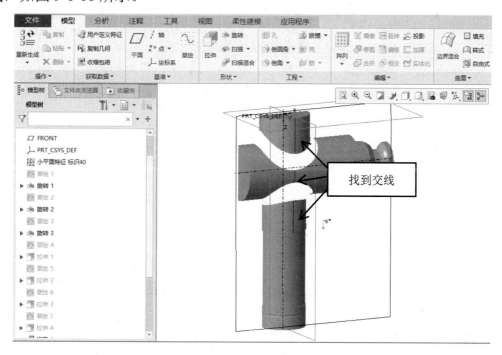

图 9-1-15　找到各旋转面与"RIGHT"平面的交线

切换到"TOP"平面草绘视图，并在"TOP"平面上绘制样条曲线，如图 9-1-17 所示。

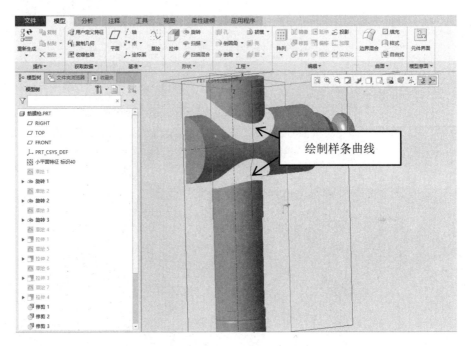

图 9-1-16 在"RIGHT"平面上绘制样条曲线

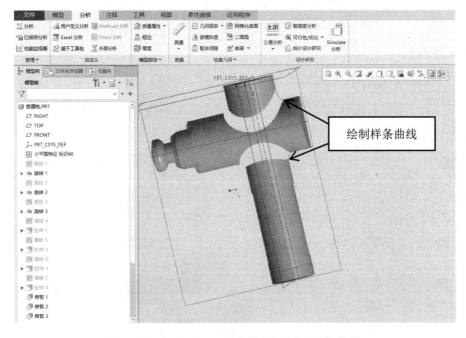

图 9-1-17 在"TOP"平面上绘制样条曲线

6. 将样条曲线和相贯线混合为曲面

在"模型"选项卡中单击"曲面"组中的"边界混合"按钮，如图 9-1-18 所示，进入边界混合编辑界面后，按住 Ctrl 键，选中两条样条曲线，如图 9-1-19 所示。

单击"边界混合"选项卡中的"单击此处添加项"按钮，选择一条相贯线，长按鼠标右键后选择"修剪位置"选项，修剪其位置至相贯线的一半，如图 9-1-20 所示。用同样的方法按住 Ctrl 键选择另一条相贯线修剪位置至一半，如图 9-1-21 所示。

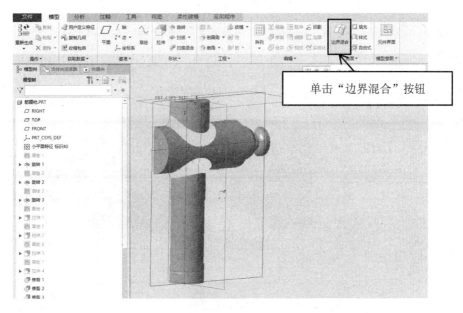

图 9-1-18　进入边界混合编辑界面

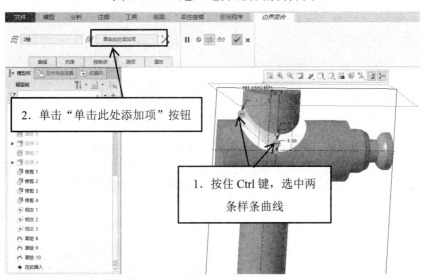

图 9-1-19　选中两条样条曲线

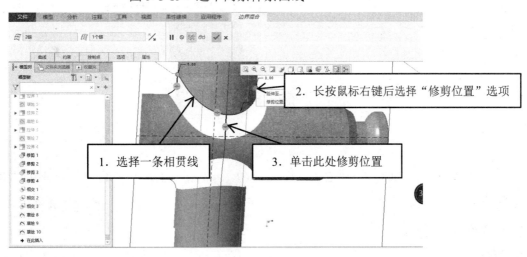

图 9-1-20　选择一条相贯线并修剪其位置至相贯线的一半

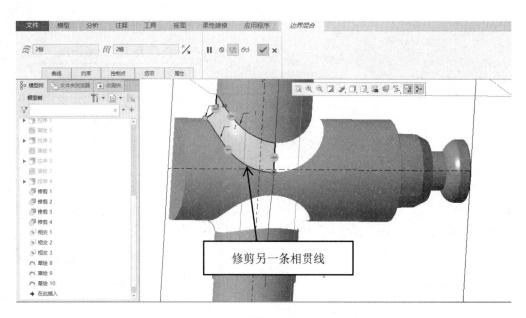

图 9-1-21　选择另一条相贯线修剪其位置至一半

长按鼠标右键，在弹出的下拉列表中选中"相切"或"垂直"单选按钮，对线之间的位置关系进行约束，约束位置关系的效果如图 9-1-22 所示，约束完成后单击"确定"按钮。

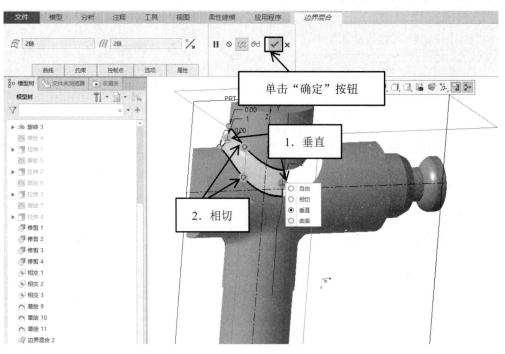

图 9-1-22　约束位置关系的效果

选中上一步绘制完成的曲面，在"模型"选项卡中单击"编辑"组中的"镜像"按钮，进入镜像编辑界面的操作步骤如图 9-1-23 所示。单击"RIGHT"平面，如图 9-1-24 所示生成镜像，镜像完成后单击"确定"按钮。

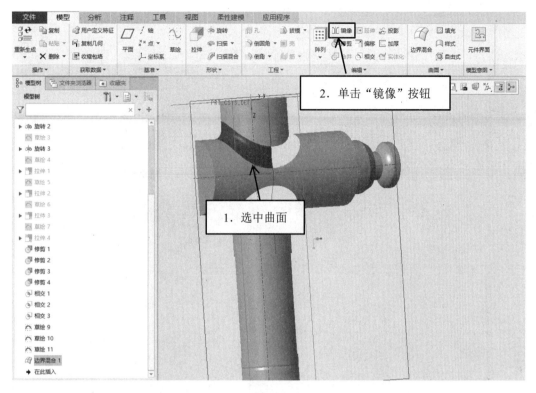

图 9-1-23　进入镜像编辑界面的操作步骤

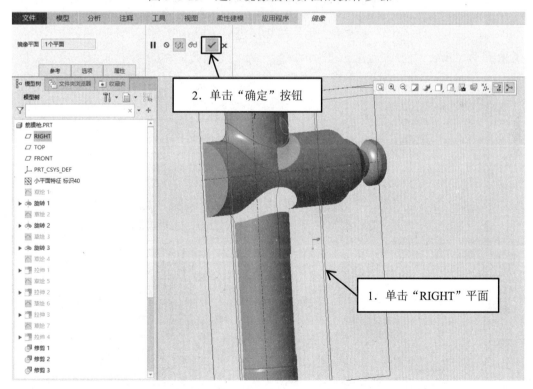

图 9-1-24　生成镜像

用同样的操作方法完成下边的相贯面，完成后的边界混合效果如图 9-1-25 所示。

7. 实体化主体特征

按住 Ctrl 键，选中要合并的两个面，在"模型"选项卡中单击"编辑"组中的"合并"

按钮，合并两个面的操作步骤如图 9-1-26 所示。

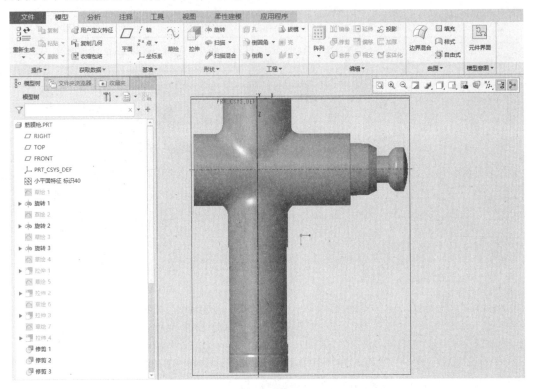

图 9-1-25　完成后的边界混合效果

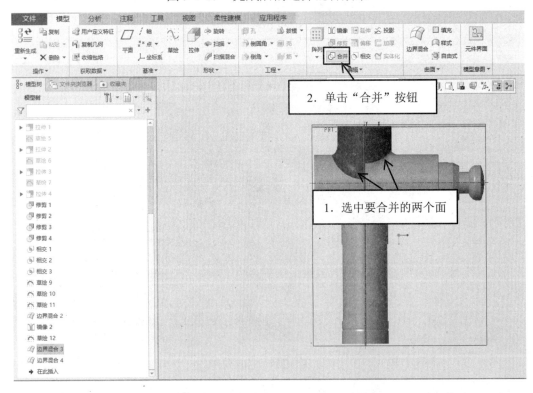

图 9-1-26　合并两个面的操作步骤

按照上面的方法，依次将所有曲面合并，合并效果图如图 9-1-27 所示。

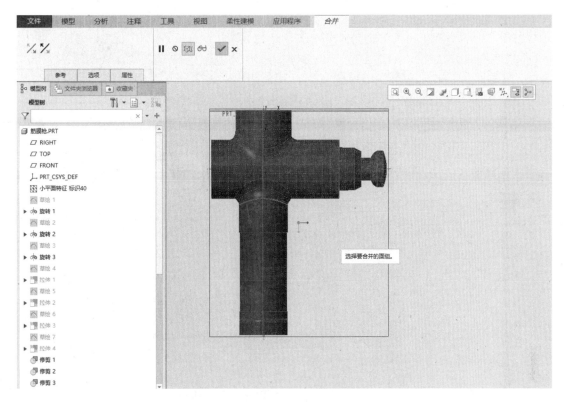

图 9-1-27　合并效果图

选中"TOP"平面进行草绘，在"TOP"平面上绘制一个覆盖整个扫描数据的矩形，单击"确定"按钮，图 9-1-28 所示为在"TOP"平面绘制矩形的操作步骤。在"模型"选项卡中单击"曲面"组中的"填充"按钮，填充效果的操作步骤如图 9-1-29 所示。

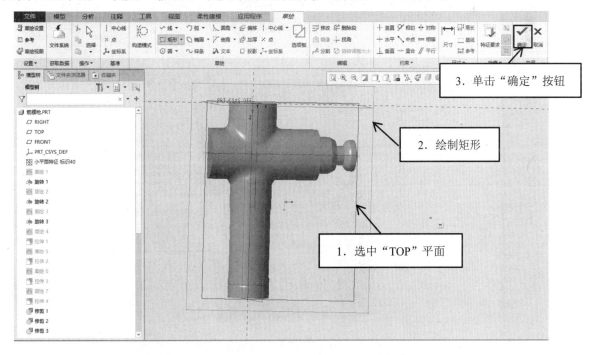

图 9-1-28　在"TOP"平面绘制矩形的操作步骤

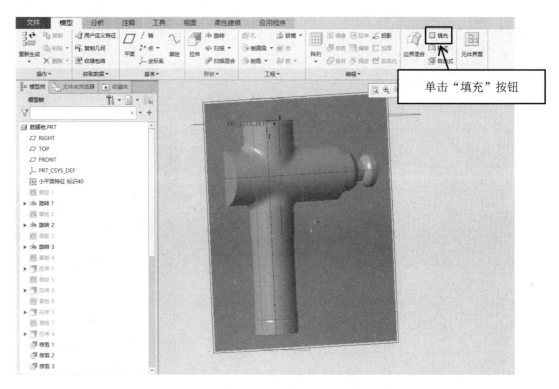

图 9-1-29　填充效果的操作步骤

按住 Ctrl 键，选中曲面和填充面，在"模型"选项卡中单击"编辑"组中的"合并"按钮，合并所有面的操作步骤如图 9-1-30 所示。在"模型"选项卡中单击"编辑"组中的"实体化"按钮，如图 9-1-31 所示，实体化曲面。

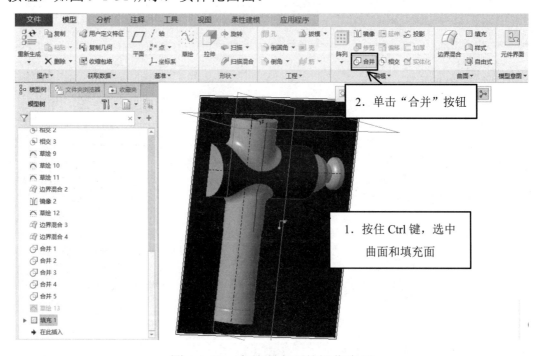

图 9-1-30　合并所有面的操作步骤

选择"模型树"选项卡中的"筋膜枪.PRT"选项，选中全体，单击"编辑"组中的"镜像"按钮，进入镜像编辑界面，如图 9-1-32 所示。选择"TOP"平面为镜像面，如图 9-1-33 所示完成镜像后，单击"确定"按钮。

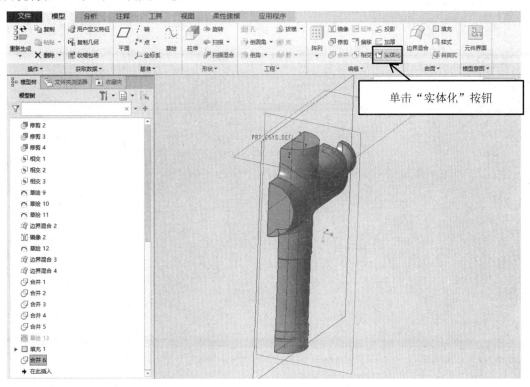

图 9-1-31　实体化曲面

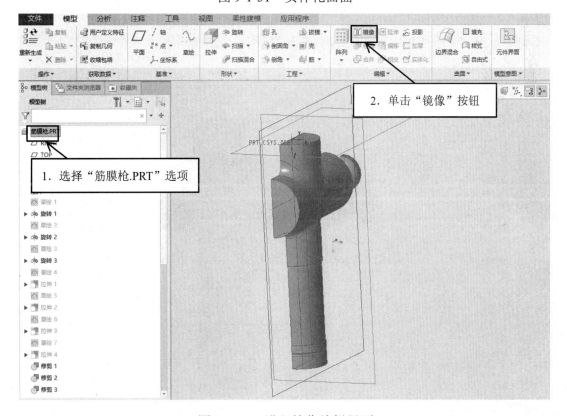

图 9-1-32　进入镜像编辑界面

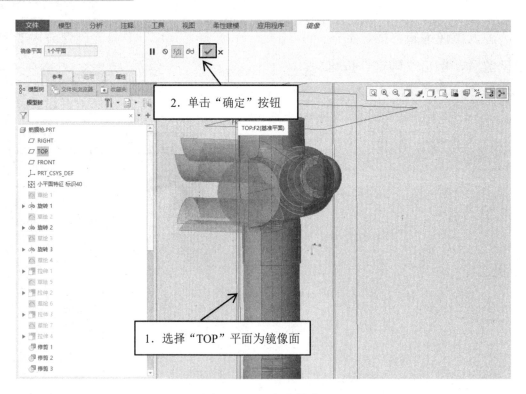

图 9-1-33　完成镜像

8．倒圆角

显示小平面特征，在小平面显示下对已完成的实体进行适当的倒圆角，完成倒圆角后的效果如图 9-1-34 所示。

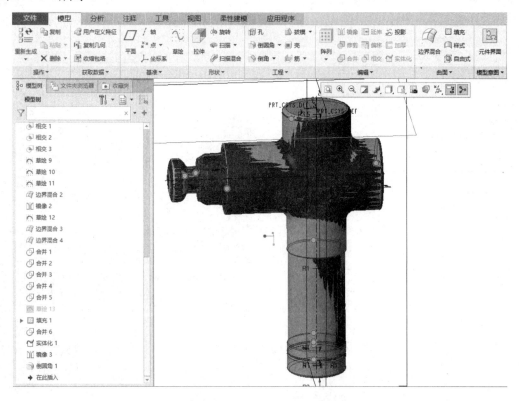

图 9-1-34　完成倒圆角后的效果

9. 阵列凹槽特征

隐藏小平面特征，在"TOP"平面上进行草绘，摆正草绘视图。在"草绘"选项卡中单击"偏移"按钮，选择偏移对象并将其向里偏移，输入参考偏移的数值1后单击"确定"按钮。图9-1-35所示为在"TOP"平面上偏移边界线的操作步骤。

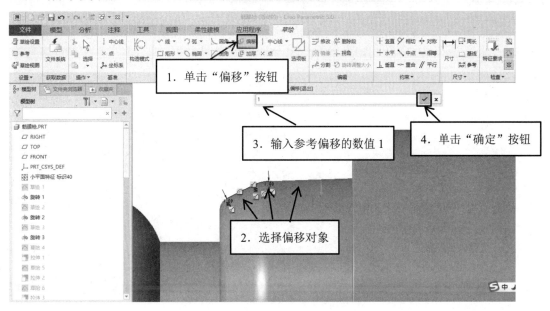

图 9-1-35　在"TOP"平面上偏移边界线的操作步骤

绘制圆弧，并将其约束为与偏移对象相切，修剪多余线段后单击"确定"按钮，图9-1-36所示为绘制中间凹槽轨迹的操作步骤。

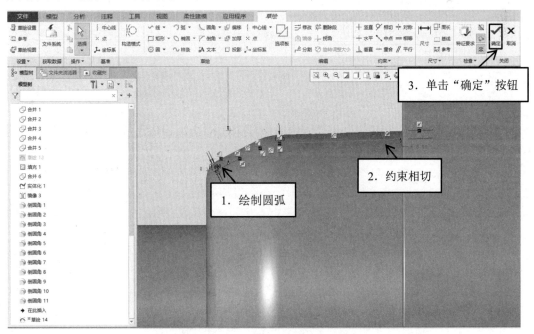

图 9-1-36　绘制中间凹槽轨迹的操作步骤

选中上一步绘制完成的凹槽轨迹，在"模型"选项卡中单击"形状"组中的"扫描"按钮，进入扫描界面，如图9-1-37所示。在"扫描"选项卡中单击"创建或编辑扫描截面"按钮，如图9-1-38所示，完成对圆弧的扫描轨迹的编辑。

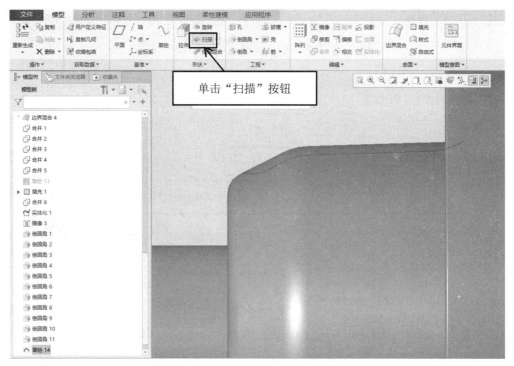

图9-1-37　进入扫描界面

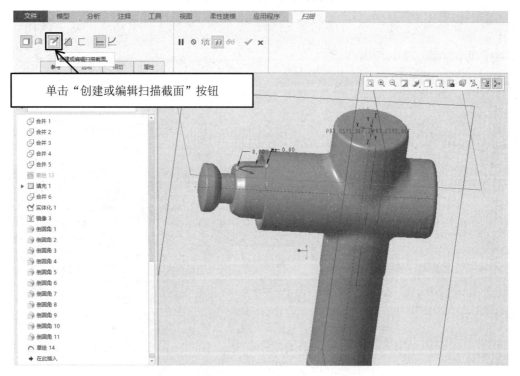

图9-1-38　单击"创建或编辑扫描截面"按钮

绘制圆弧，在"草绘"选项卡中单击"约束"组中的"重合"按钮，将圆弧圆心约束到轴线上，绘制并约束圆弧的操作步骤如图9-1-39所示。调整弧面高度后，单击"确定"按钮。

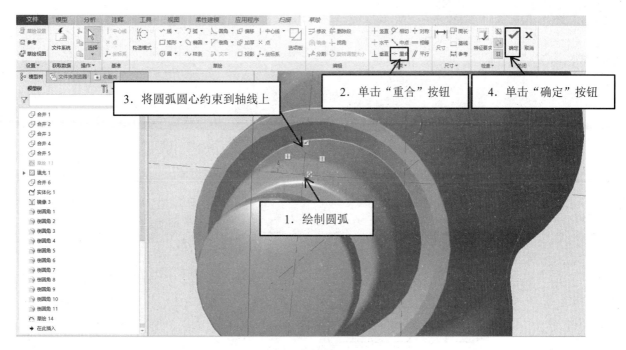

图 9-1-39　绘制并约束圆弧的操作步骤

在"扫描"选项卡中单击"移除材料"按钮，然后单击"确定"按钮，完成对凹槽的编辑，此时的凹槽效果图如图 9-1-40 所示。

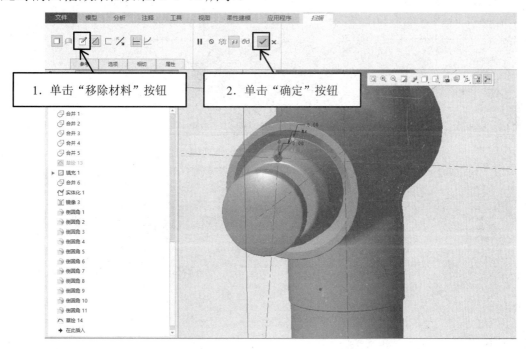

图 9-1-40　凹槽效果图

选择"模型树"选项卡中的"扫描 1"选项，在弹出的浮动工具条中单击"阵列"按钮，进入阵列界面，如图 9-1-41 所示。在阵列界面中，打开"尺寸"下拉列表，选择"轴"选项，然后单击阵列中心轴，输入阵列个数和角度（参考值：8 和 45.0）后，单击"确定"按钮，如图 9-1-42 所示完成阵列。

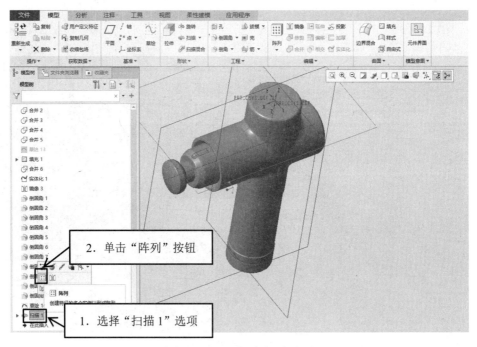

图 9-1-41　进入阵列界面

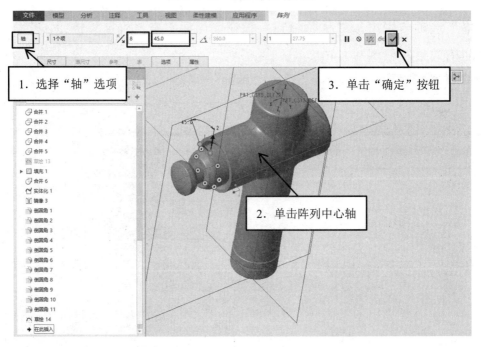

图 9-1-42　完成阵列

 技能加油站

环形阵列操作过程如下。

（1）选择要阵列的对象"扫描 1"，单击"阵列"按钮 ⊞。

（2）在阵列界面的下拉列表中选择"轴"选项，单击阵列中心轴。

（3）输入阵列个数和角度（阵列个数参考值：8，角度参考值：45°）。

对上一步完成的阵列凹槽进行倒圆角，如图 9-1-43 所示。

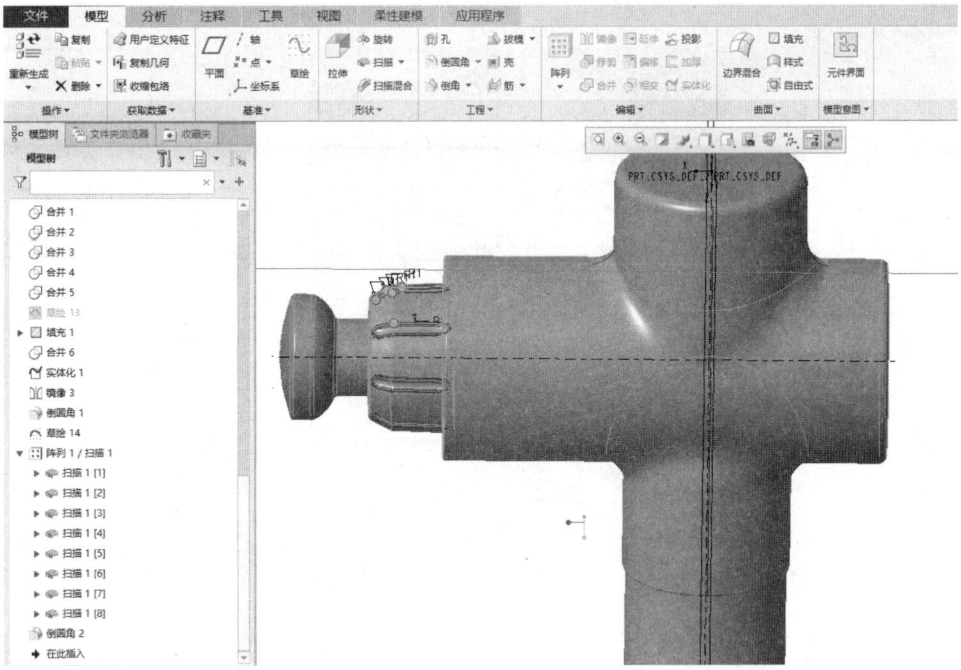

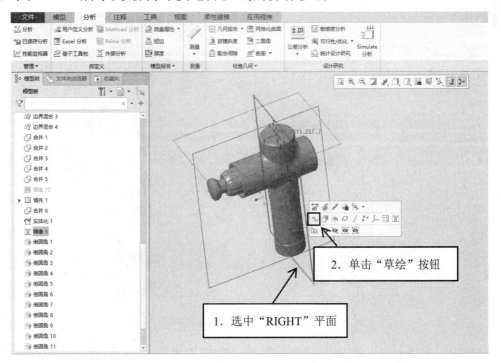

图 9-1-43　对阵列凹槽进行倒圆角

10．耳板特征拔模

选中"RIGHT"平面，在弹出的浮动工具条中单击"草绘"按钮，进入草绘界面，如图 9-1-44 所示。显示小平面特征，摆正草绘视图后，绘制耳板的边界线，绘制完成后单击"确定"按钮，图 9-1-45 所示为绘制耳板边界弧线的操作步骤。

图 9-1-44　进入草绘界面

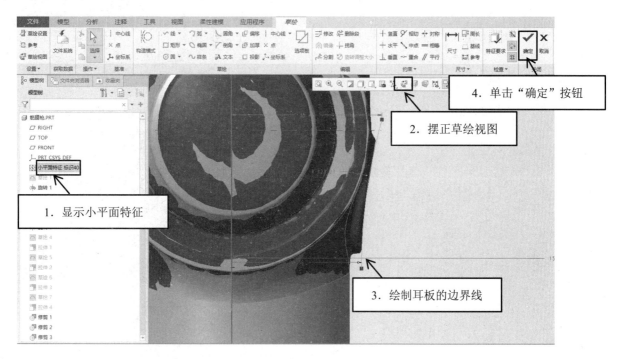

图 9-1-45　绘制耳板边界弧线的操作步骤

对上一步绘制完成的弧线进行拉伸，在拉伸编辑界面中，打开"拉伸"下拉列表，选择"拉伸双侧"选项，并单击"确定"按钮，图 9-1-46 所示为拉伸耳板边界线的操作步骤。

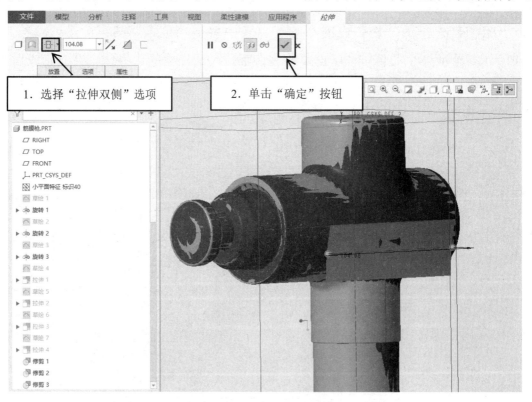

图 9-1-46　拉伸耳板边界线的操作步骤

在"模型树"选项卡中，隐藏拉伸 5，切换"TOP"平面进行草绘，摆正草绘视图后，如图 9-1-47 所示草绘耳板轮廓，绘制完成后单击"确定"按钮。

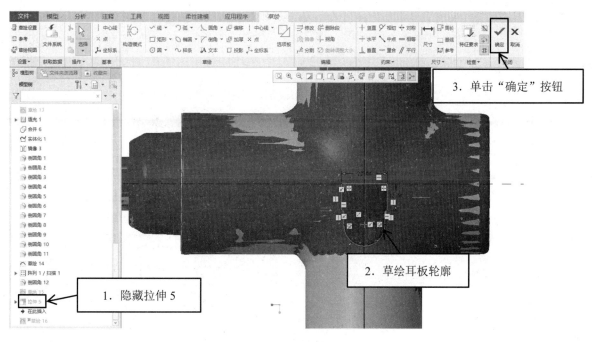

图 9-1-47 草绘耳板轮廓

在"模型树"选项卡中显示"拉伸 5"并选中"草绘 16"，然后在"模型"选项卡中单击"形状"组的"拉伸"按钮。进入拉伸编辑界面和拉伸对象耳板的操作步骤如图 9-1-48 所示。在"拉伸"选项卡中，打开"拉伸"下拉列表，选择"拉伸至选定的曲面"选项后，单击拉伸编辑界面，单击"确定"按钮，图 9-1-49 所示为拉伸耳板的操作步骤。

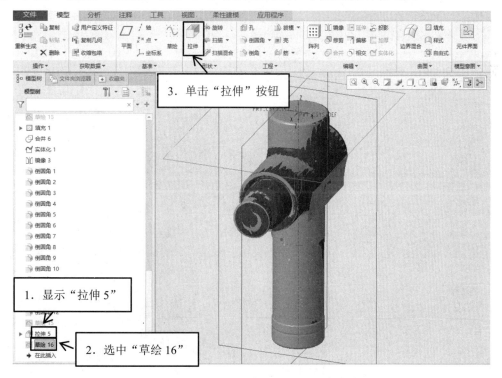

图 9-1-48 进入拉伸编辑界面和拉伸对象耳板的操作步骤

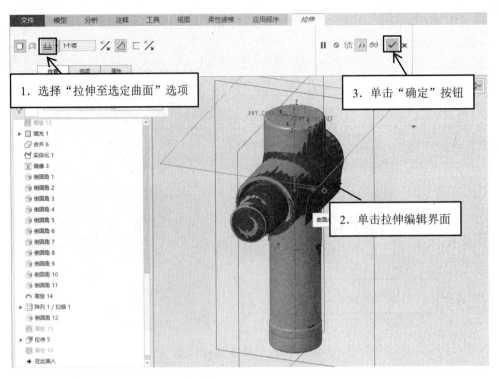

图 9-1-49　拉伸耳板的操作步骤

在"模型"选项卡中单击"工程"组中的"拔模"按钮，如图 9-1-50 所示进入拔模界面。在"参考"选项卡中单击"拔模曲面"选区中的"单击此处添加项"按钮，按住 Ctrl 键并选择耳板四周侧面作为拔模参考曲面，如图 9-1-51 所示。

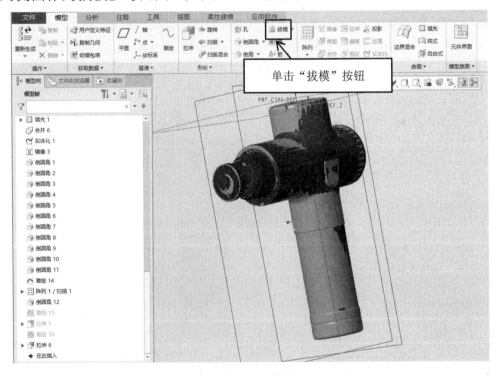

图 9-1-50　进入拔模界面

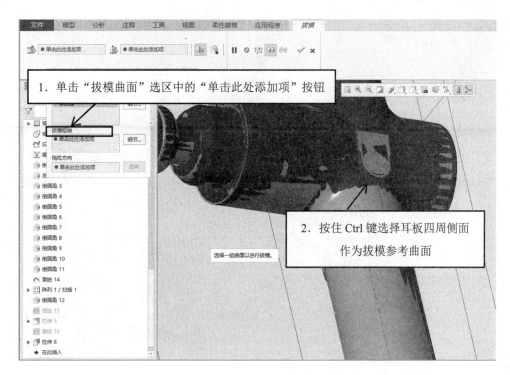

图 9-1-51　选择拔模参考曲面

单击"拔模枢轴"选区中的"单击此处添加项"按钮，选中"TOP"平面为拔模枢轴，拖动小圆点至恰当的角度（可输入参考值为 1.0），单击"确定"按钮，如图 9-1-52 所示完成拔模。

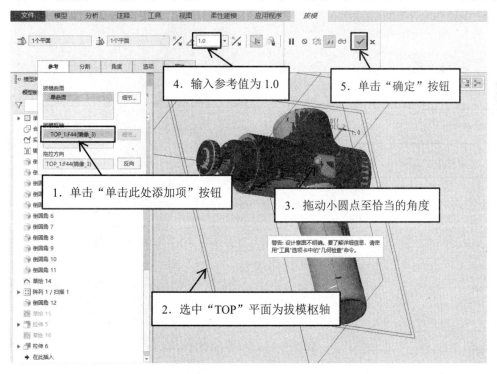

图 9-1-52　完成拔模

如图 9-1-53 所示对耳板进行适当的倒圆角，倒圆角完成后单击"确定"按钮。隐藏"模型树"选项卡里的小平面特征，得到如图 9-1-54 所示的建模效果图。

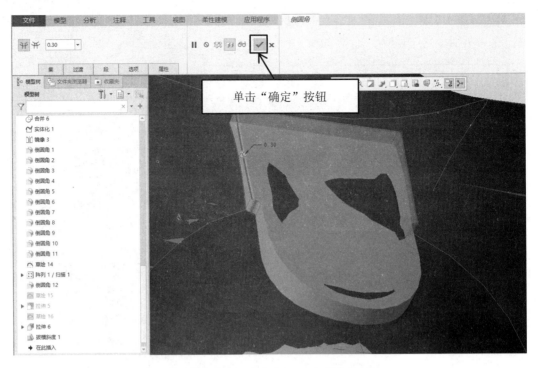

图 9-1-53　对耳板进行适当的倒圆角

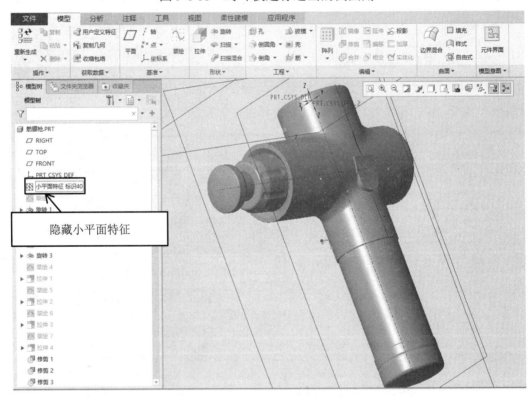

图 9-1-54　建模效果图

11．保存为 STL 文件

参照项目一中文件保存的操作，将文件另存为"筋膜枪.stl"，并如图 9-1-55 所示将弦高设置为 0.01。

252

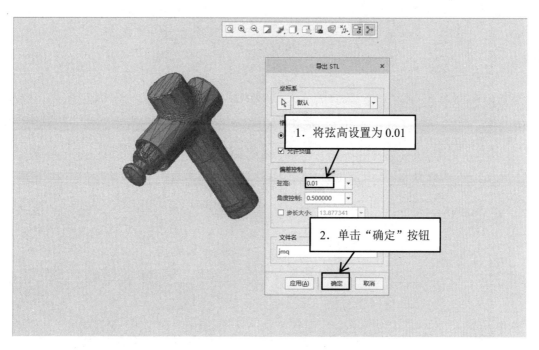

图 9-1-55 将弦高设置为 0.01

逆向建模任务评价表

序号	检测项目	配分	评分标准	自评	组评	师评
1	主体特征	10	是否有该特征			
2	相贯特征	20	是否有该特征			
3	耳板特征	20	是否有该特征			
4	阵列特征	20	是否有该特征			
5	倒圆角	10	是否进行倒圆角			
6	文件导出	10	导出文件弦高设置是否正确			
7	其他	10	根据是否出现其他问题酌情评分			
8	合计					
	互评学生姓名					

任务二 3D打印

1. 导入文件

切片操作视频

双击切片软件图标启动该软件。单击"载入"按钮，选择上一步导出的"筋膜枪.stl"文件，单击"打开"按钮，导入后的筋膜枪模型摆放图如图 9-2-1 所示。

2. 摆正模型

单击"旋转"按钮旋转物体，在打开的如图 9-2-2 所示的"物体放置"选项卡中，将 Y 轴数值设为-90，即可如图 9-2-3 所示将模型摆正。

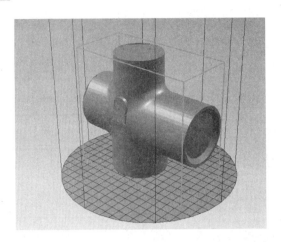

图 9-2-1　导入后的筋膜枪模型摆放图

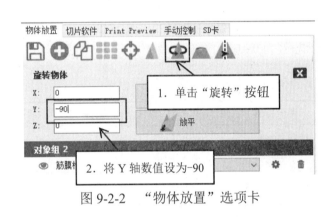

图 9-2-2　"物体放置"选项卡

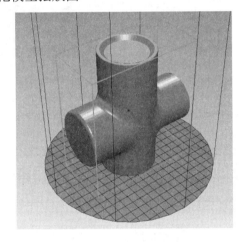

图 9-2-3　将模型摆正

3．缩放模型

单击"缩放模型"按钮缩放物体，将 X 轴数值改为 0.5，即如图 9-2-4 所示将模型缩小至原来的 1/2。

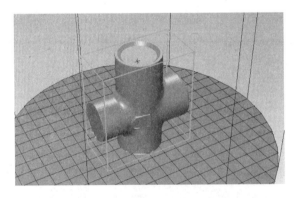

图 9-2-4　将模型缩小至原来的 1/2

📖 **知识加油站**

模型拆分：

在不要求模型工程特性的前提下，可以将三维数字模型先分解为若干部分，再分别成型，然后通过手工方法进行黏合，以确保模型表面质量。通过这种方法不但可以制作形态较为复杂的模型，还可以制作超过成型机最大成型尺寸的模型，从而打破成型机本身成型空间的限制。

4. 切片软件设置

（1）单击"切片软件"按钮，输入打印速度为60～70mm/s，质量为0.2mm，填充密度为30%。单击"配置"按钮，设置速度参数保持默认并输入质量参数为0.2mm，设置完成后单击"保存"按钮，将参数保存。

（2）单击"结构"按钮，设置参数，外壳厚度和顶层/底层厚度均为1.2mm，其余参数保持默认。

思考问题：填充密度的设置要注意什么？

技能加油站

喷头堵塞（喷头不出料，挤出机咔咔响）问题及其解决方法。

喷头堵塞是打印机经常会出现的问题，一般堵塞的位置就在喷头或喉管上部这两处，且一般堵塞的是喉管上部。效应器剖面图如图9-2-5所示。

（1）当出现堵头的时候，可以先将打印机加热至最高温度，然后用手用力推料，如果堵塞的是喷头，有希望疏通。如果用手用力推料无果，可以尝试把料拔出来。在100℃的温度下用力拔出，或者加热到180℃，推一节耗材然后高速拔出，有希望把堵塞物从喷头直接带出来。如果100℃拔不出来，就在最高温度下拔出料，然后用直径小于喷头直径（0.4mm）的针灸针（0.35mm）反向捅喷嘴，重新尝试装料。最简单的方法其实是直接换喷头。

（2）如果加热还拔不出来，不要大力尝试，这种情况是由于散热不佳，塑料在喉管上部融化堵塞了喉管。将喉管和散热管拆卸，把堵塞的融化塑料清理干净后重新装回即可。图9-2-6所示为喉管拆卸。

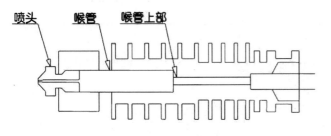

图 9-2-5　效应器剖面图

图 9-2-6　喉管拆卸

5. 切片导出

单击"开始切片"按钮进行切片，切片完成后，单击"保存"按钮，将切片数据导出到 SD 卡中，文件保存类型为 GCode，然后将 SD 卡插进 3D 打印机进行打印。

6. 打印其他部件

将"筋膜枪 2.stl"和"筋膜枪 3.stl"文件导入并分别摆放至如图 9-2-7 和图 9-2-8 所示的位置，并缩小至原来的 1/2，重复步骤 4 和步骤 5，分别打印出两个部件。

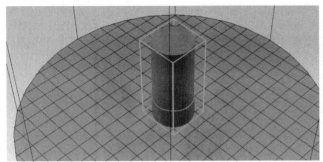

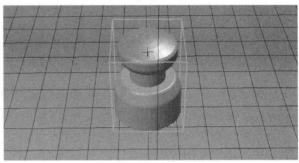

图 9-2-7　筋膜枪 2　　　　　　　　　　图 9-2-8　筋膜枪 3

3D 打印任务评价表

序号	检测项目	配分	评分标准	自评	组评	师评
1	打印操作	10	是否进行调平（5）			
			操作是否规范（5）			
2	模型底部	10	模型底部是否平整			
3	整体外观	10	外观是否光顺无断层、无溢料			
4	相贯特征	10	相贯特征是否残缺			
5	手柄特征	10	手柄特征是否残缺			
6	按摩头特征	10	按摩头特征是否残缺			
7	顶层填充	10	顶层是否出现空洞、缝隙			
8	支撑处理	10	支撑是否去除干净、无毛刺			
9	尺寸检测	10	打印模型的尺寸与原模型的尺寸越接近，分数越高			
10	其他	10	根据是否出现其他问题酌情评分			
11			合计			
	互评学生姓名					

 项目拓展

完成如图 9-2-9 所示筋膜枪的逆向建模与 3D 打印。

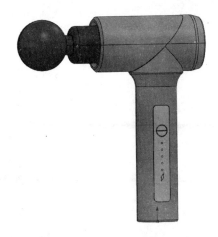

图 9-2-9　筋膜枪

项目十
测温枪逆向建模与 3D 打印

测温枪是家庭或医院常用的测量体温的仪器，其外壳一般由 ABS 材料注塑成型。测温枪的外形包含较多曲面特征，且各曲面之间都是圆滑过渡的，故该项目能较好地训练学生的曲面拼接能力。

项目目标

1. 能根据外形分析产品的曲面结构。
2. 熟练掌握边界曲面命令。
3. 掌握各曲面之间的圆滑过渡处理方法。
4. 掌握该零件的 3D 打印成型方法。

项目完成效果图

完成后的测温枪效果图如图 10-1-1 所示。

图 10-1-1　完成后的测温枪效果图

项目实施

任务一 逆向建模

逆向建模步骤视频

1. 导入数据

导入"测温枪"扫描数据，并对小平面进行分样精简。模型导入并分样后的效果如图 10-1-2 所示。

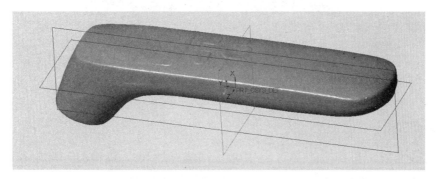

图 10-1-2　模型导入并分样后的效果

2. 创建 DTM1 基准平面

选中"RIGHT"平面，单击图形工具条中的"已保存方向"按钮，在打开的下拉列表中选择"视图法向"选项，摆正视图。在"模型"选项卡中单击"基准"组中的"平面"按钮，弹出"基准平面"对话框后，选中"FRONT"平面，在"平移"数值框中输入1.00，然后单击"确定"按钮，如图 10-1-3 所示创建 DTM1 基准平面。

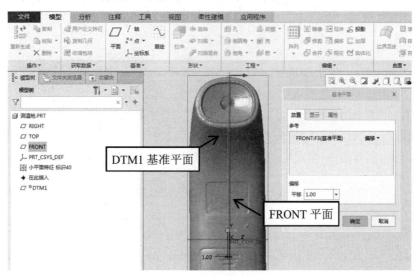

图 10-1-3　创建 DTM1 基准平面

3. 绘制扫描路径草图

选中"DTM1"基准平面，在弹出的浮动工具条中单击"草绘"按钮，进入草绘界面，如图 10-1-4 所示绘制扫描路径草图。

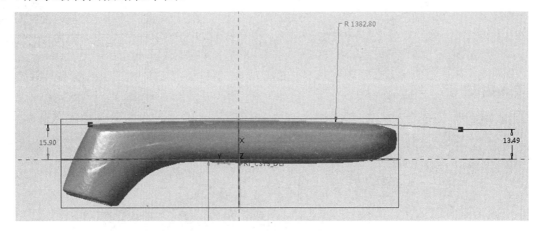

图 10-1-4　绘制扫描路径草图

4. 创建扫描曲面

在"模型"选项卡中单击"形状"组中的"扫描"按钮，选择上一步创建完成的草图。如图 10-1-5 所示创建扫描截面，单击箭头将其调整至图示方向，然后单击"创建或编辑扫描截面"按钮。进入草绘界面后，如图 10-1-6 所示绘制扫描截面草图。单击"确定"按钮，得到如图 10-1-7 所示的扫描曲面。

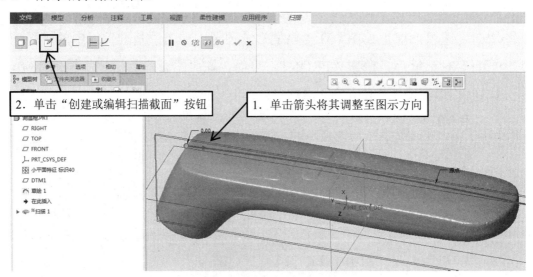

图 10-1-5　创建扫描截面

5. 绘制草图

选中"RIGHT"平面，在弹出的浮动工具条中单击"草绘"按钮，进入草绘界面后，利用"样条"与"线"工具，如图 10-1-8 所示绘制草图，且约束左侧线与对称中心线的角度为 90°。

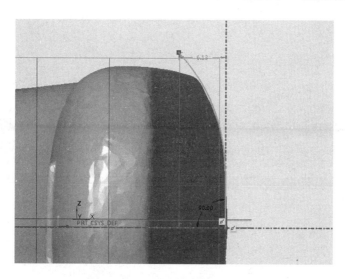

图 10-1-6　绘制扫描截面草图

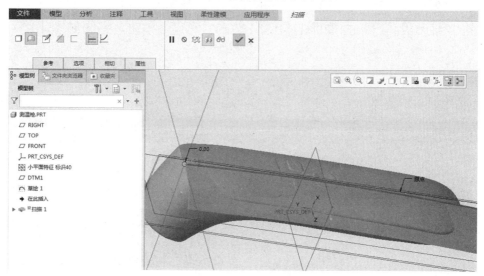

图 10-1-7　扫描曲面

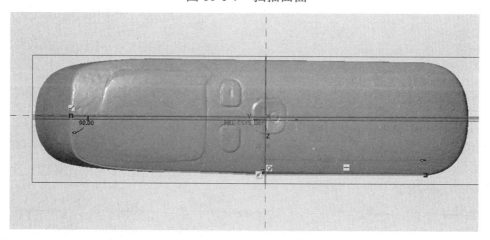

图 10-1-8　绘制草图

★技巧提示：如图 10-1-9 所示，绘制的曲线要落在第 4 步创建的曲面内。

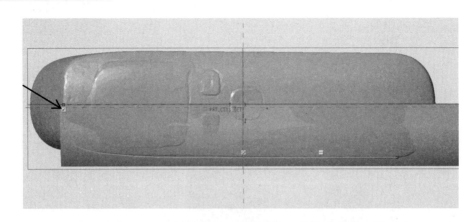

图 10-1-9　绘制的曲线要落在第 4 步创建的曲面内

6．拉伸曲面

在"模型"选项卡中单击"形状"组中的"拉伸"按钮，选择上一步绘制完成的草图，拖动控制深度的小圆点至高出扫描曲面的位置，单击"确定"按钮，完成如图 10-1-10 所示的曲面拉伸。

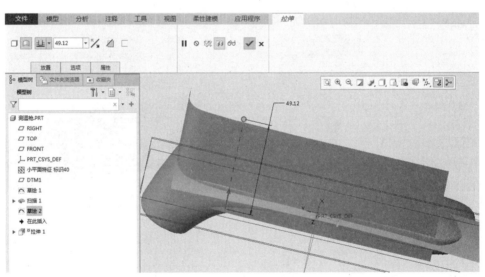

图 10-1-10　曲面拉伸

7．创建曲面交线

按住 Ctrl 键，选中已创建的拉伸曲面和扫描曲面，在"模型"选项卡中单击"编辑"组中的"相交"按钮，创建两个曲面的交线，如图 10-1-11 所示。

8．绘制测温枪尾部下方拉伸草图

选中"TOP"平面，在弹出的浮动工具条中单击"草绘"按钮，进入草绘界面后，单击图形工具条中的"修剪模型"按钮，隐藏绘图平面前的几何模型，使用"样条"与"线"工具，如图 10-1-12 所示绘制测温枪尾部下方拉伸草图，且约束曲线左侧起点与垂直基准参考线夹角为90°。

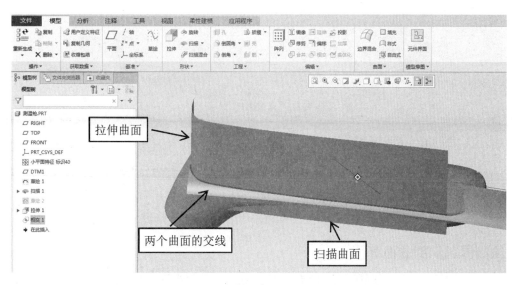

图 10-1-11 创建两个曲面的交线

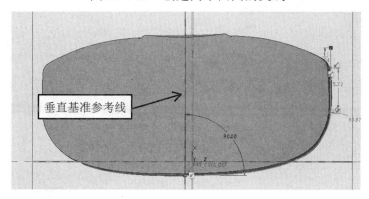

图 10-1-12 绘制测温枪尾部下方拉伸草图

★ **技巧提示**：绘制草图的线需与步骤7创建的曲面交线相交，图线相交如图 10-1-13 所示。

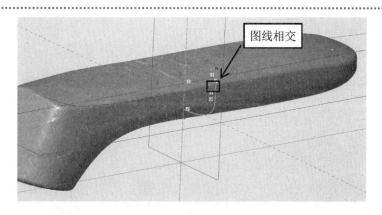

图 10-1-13 图线相交

9. 拉伸测温枪尾部下方曲面

在"模型"选项卡中单击"形状"组中的"拉伸"按钮，选择上一步绘制完成的草图，在"深度"数值框中输入 56.40，单击"确定"按钮，完成如图 10-1-14 所示的测温枪尾部下方曲面的拉伸。

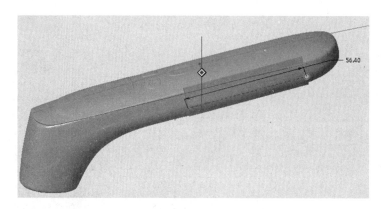

图 10-1-14　测温枪尾部下方曲面的拉伸

10．绘制尾部切割曲面草图

选中"RIGHT"平面，在弹出的浮动工具条中单击"草绘"按钮，进入草绘界面，如图 10-1-15 所示绘制尾部切割曲面草图。

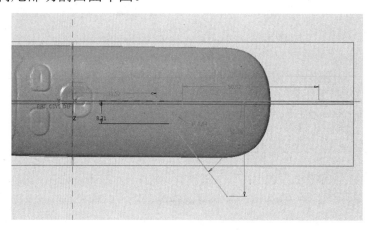

图 10-1-15　绘制尾部切割曲面草图

11．拉伸测温枪尾部切割曲面

在"模型"选项卡中单击"形状"组中的"拉伸"按钮，选择上一步绘制完成的草图，拖动控制深度的小圆点至高出前面创建的曲面特征的位置，图 10-1-16 所示为尾部切割曲面的拉伸。

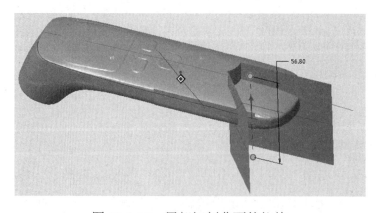

图 10-1-16　尾部切割曲面的拉伸

12．修剪测温枪上方曲面

选中扫描曲面，在"模型"选项卡中单击"编辑"组中的"修剪"按钮，修剪的操作步骤如图 10-1-17 所示。进入"曲面修剪"界面后，按住 Ctrl 键，选中拉伸曲面，调整曲面修剪箭头，单击"确定"按钮，完成如图 10-1-18 所示的测温枪上方曲面的修剪。

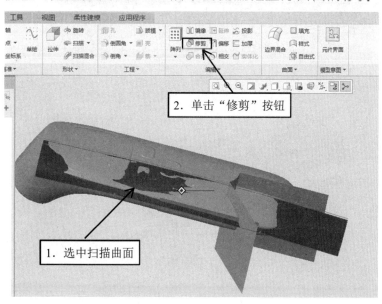

图 10-1-17　修剪的操作步骤

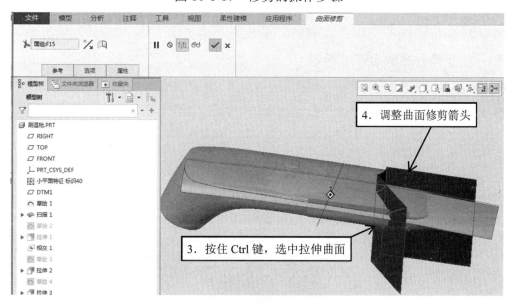

图 10-1-18　测温枪上方曲面的修剪

13．修剪测温枪尾部下方曲面

重复上述操作，完成如图 10-1-19 所示的测温枪尾部下方曲面的修剪。

14．创建交线

参照步骤 7，完成如图 10-1-20 所示的两曲面交线的创建。

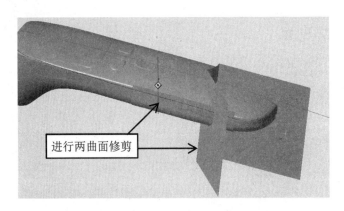

图 10-1-19　测温枪尾部下方曲面的修剪

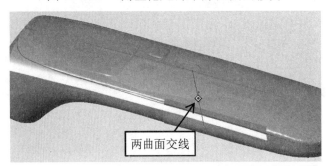

图 10-1-20　两曲面交线的创建

📖 知识加油站

曲面的修剪是指通过某些曲面、曲线、链或者平面去剪切曲面，得到修剪后的形状。曲面的修剪有一般修剪和薄曲面修剪两种。

1. 一般修剪

修剪的图元分别为曲面、曲线、链或平面，分别如图 10-1-21 ~ 图 10-1-24 所示。

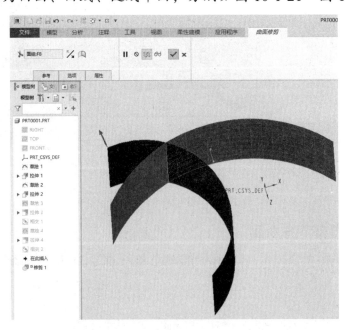

图 10-1-21　修剪图元为曲面

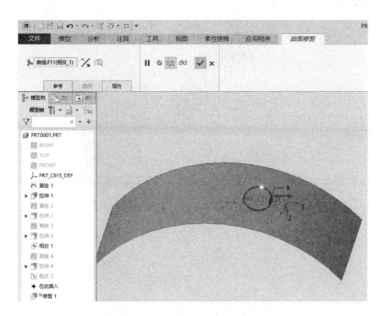

图 10-1-22　修剪图元为曲面上的封闭曲线

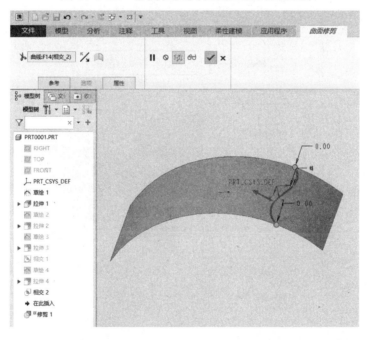

图 10-1-23　修剪图元为曲面上的曲线

2．薄曲面修剪

薄曲面修剪是指先将修剪曲面加厚，再修剪被修剪曲面，薄曲面的修剪操作步骤如图 10-1-25 所示。

15．绘制尾部上方拉伸曲面草图

选中"DTM1"基准平面，在弹出的浮动工具条中单击"草绘"按钮，进入草绘界面后，单击"设置"组中的"参考"按钮，弹出"参考"对话框后，选择上一步创建的两曲面交线为参考曲线，如图 10-1-26 所示。应用"圆弧"工具，如图 10-1-27 所示绘制圆弧。

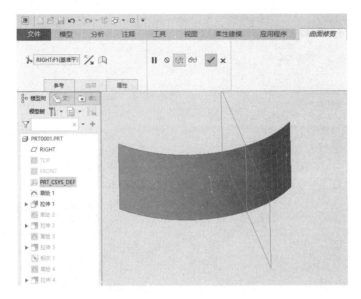

图 10-1-24　修剪图元为平面

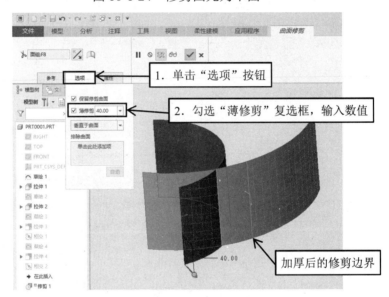

图 10-1-25　薄曲面的修剪操作步骤

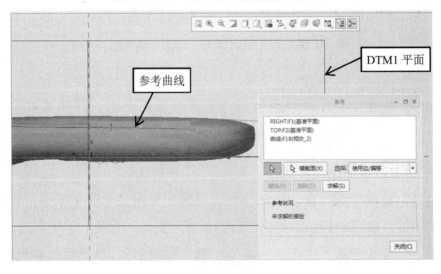

图 10-1-26　选择参考曲线

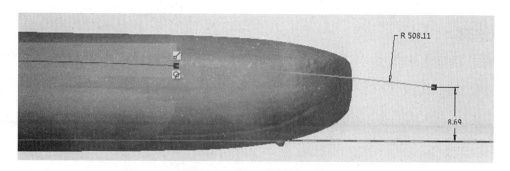

图 10-1-27　绘制圆弧

16．拉伸尾部上方曲面

在"模型"选项卡中单击"形状"组中的"拉伸"按钮，选择上一步绘制完成的草图，拖动控制深度的小圆点至高出前面创建的曲面特征的位置，拉伸尾部上方曲面，如图 10-1-28 所示。

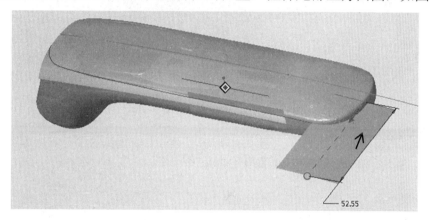

图 10-1-28　拉伸尾部上方曲面

17．绘制草图

选中"RIGHT"平面，在弹出的浮动工具条中单击"草绘"按钮，进入草绘界面后，选取如图 10-1-29 所示的直线为参考对象，绘制样条曲线，且约束曲线右端点与水平基准线为90°。

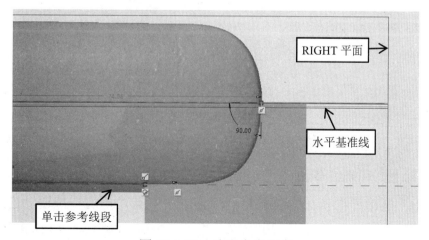

图 10-1-29　选取参考对象

18. 拉伸曲面

在"模型"选项卡中单击"形状"组中的"拉伸"按钮，选择上一步绘制完成的草图，拖动控制深度的小圆点至高出前面创建的曲面特征的位置，拉伸曲面，如图 10-1-30 所示。

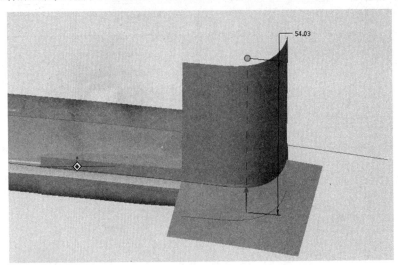

图 10-1-30　拉伸曲面

19. 创建相交线

参照步骤 7，如图 10-1-31 所示创建两个曲面的交线。

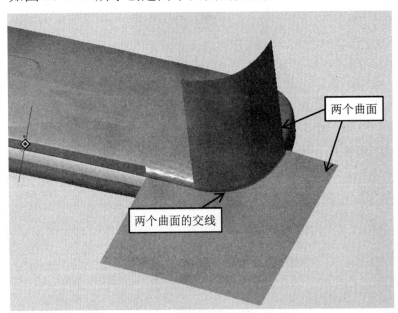

图 10-1-31　创建两个曲面的交线

20. 绘制尾部上方轮廓线草图

选中"DTM1"基准平面，在弹出的浮动工具条中单击"草绘"按钮，进入草绘界面后，如图 10-1-32 所示创建草绘参考线，利用"样条"工具绘制如图 10-1-33 所示的尾部上方轮廓线草图，且约束样条曲线右端与图示水平基准线夹角为 90°。

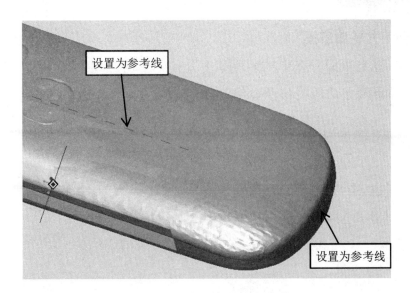

图 10-1-32　创建草绘参考线

图 10-1-33　尾部上方轮廓线草图

21．创建尾部上方边界混合曲面

在"模型"选项卡中单击"曲面"组中的"边界混合"按钮，如图 10-1-34 所示，创建边界混合曲面。

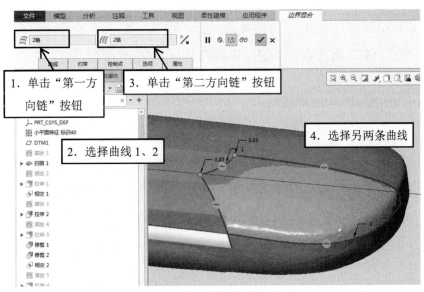

图 10-1-34　创建边界混合曲面

271

22．绘制尾部下方轮廓草图

选中"DTM1"基准平面，在弹出的浮动工具条中单击"草绘"按钮，进入草绘界面后，如图 10-1-35 所示设置两条曲线为参照，绘制如图 10-1-36 所示的尾部下方轮廓草图。

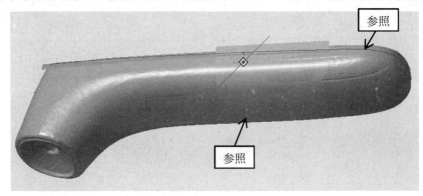

图 10-1-35　设置两条曲线为参照

图 10-1-36　尾部下方轮廓草图

23．合并曲面

选择测温枪上方扫描曲面及下方拉伸曲面，在"模型"选项卡中单击"编辑"组中的"合并"按钮，调整曲面合并保留方向，如图 10-1-37 所示合并两曲面。

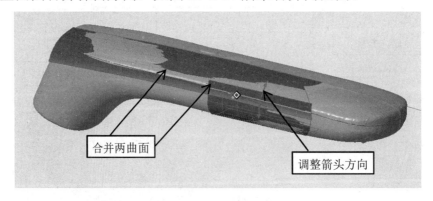

图 10-1-37　合并两曲面

24．创建尾部下方边界混合曲面

隐藏小平面特征，在"模型"选项卡中单击"曲面"组中的"边界混合"按钮，如图 10-

1-38所示选择两条曲线作为第一方向线（注意左侧的曲线由两段组成，需按住Shift键同时选中两段作为一条线使用），然后如图10-1-39所示选择两条曲线作为第二方向线，并更改图示三个位置的约束属性，单击"确定"按钮，完成边界混合曲面的创建。

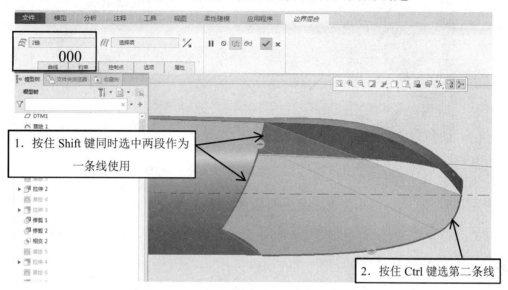

1. 按住Shift键同时选中两段作为一条线使用

2. 按住Ctrl键选第二条线

图10-1-38　选择两条曲线作为第一方向线

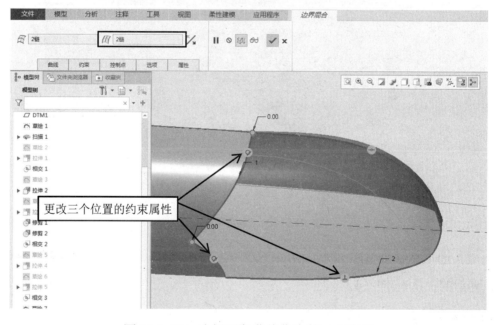

更改三个位置的约束属性

图10-1-39　选择两条曲线作为第二方向线

★技巧提示：在创建边界混合曲面过程中，当遇到一条曲线是由两段构成的情况时，可以先选中其中一段，然后按住Shift键，再选中另外一段，这样就可以把两段曲线转化为一条曲线，如图10-1-40所示，该操作对边界混合曲面的创建非常重要。

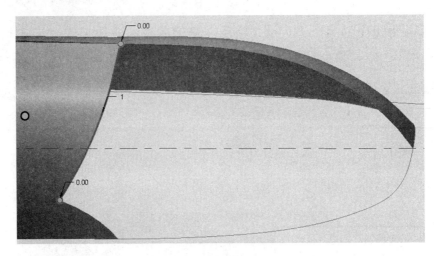

图 10-1-40　把两段曲线转化为一条曲线

25. 使用"拉伸"命令创建测温枪头部底面

显示小平面特征,选中"DTM1"基准平面,在弹出的浮动工具条中单击"草绘"按钮,进入草绘界面后,如图 10-1-41 所示绘制草图(1)。

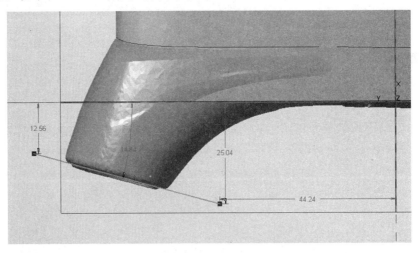

图 10-1-41　绘制草图(1)

在"模型"选项卡中单击"形状"组中的"拉伸"按钮,选中上一步创建的草图,完成如图 10-1-42 所示的曲面拉伸(1)。

26. 绘制草图

选中上一步创建的拉伸平面,在弹出的浮动工具条中单击"草绘"按钮,进入草绘界面后,如图 10-1-43 所示绘制样条曲线,且约束曲线的两端与垂直基准线夹角为 90°。

27. 绘制草图

选中"DTM1"基准平面,在弹出的浮动工具条中单击"草绘"按钮,进入草绘界面后,如图 10-1-44 所示,设置两个点作为草绘参考点并绘制圆弧。

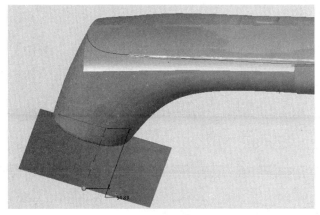

图 10-1-42　曲面拉伸（1）

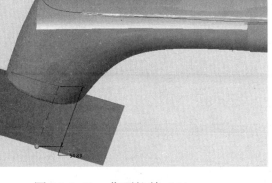

图 10-1-43　绘制样条曲线

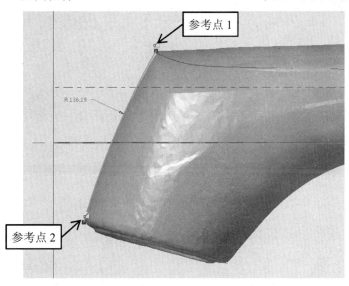

图 10-1-44　设置两个点作为草绘参考点并绘制圆弧

28．使用"拉伸"命令创建曲面

选中"DTM1"基准平面，在弹出的浮动工具条中单击"草绘"按钮，进入草绘界面后，如图 10-1-45 所示绘制草图（2）。在"模型"选项卡中单击"形状"组中的"拉伸"按钮，完成如图 10-1-46 所示的曲面拉伸（2）。

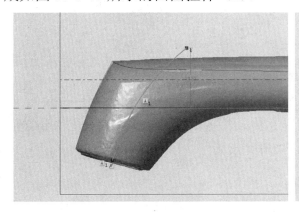

图 10-1-45　绘制草图（2）

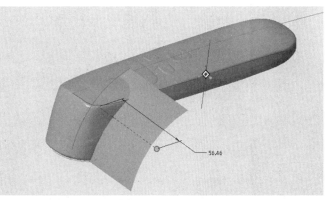

图 10-1-46　曲面拉伸（2）

29．创建基准点

在"模型"选项卡中单击"基准"组中的"点"按钮，弹出"基准点"对话框后，选中上一步创建的曲面及曲线 1，创建 PNT0 基准点；选择"基准点"对话框的"新点"选项，选中上一步创建的曲面及曲线 2，创建 PNT1 基准点。图 10-1-47 所示为两个基准点的创建。

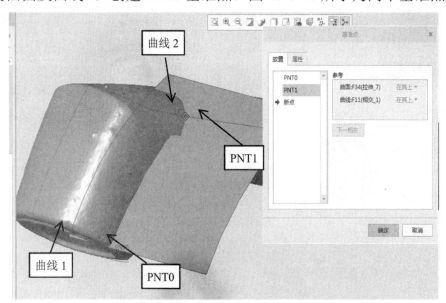

图 10-1-47　两个基准点的创建

30．使用"拉伸"命令创建曲面

选中"TOP"平面，在弹出的浮动工具条中单击"草绘"按钮，进入草绘界面后，利用"弧"工具如图 10-1-48 所示绘制草图（3）。在"模型"选项卡中单击"形状"组中的"拉伸"按钮，如图 10-1-49 所示拉伸曲面（3），选中草图，并拖动控制深度的小圆点至图 10-1-49 所示的位置。

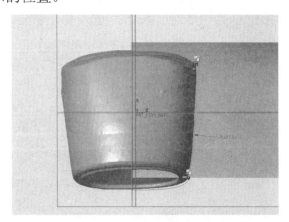

图 10-1-48　绘制草图（3）

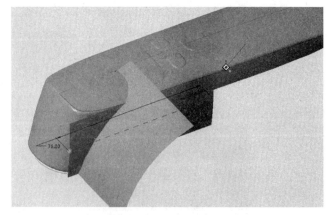

图 10-1-49　拉伸曲面（3）

31．创建曲面交线

参照步骤 7，如图 10-1-50 所示创建两个曲面的交线。

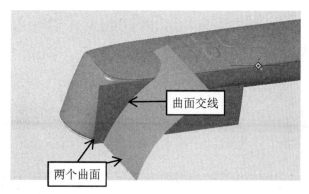

图 10-1-50　创建两个曲面的交线

32．创建边界混合曲面

在"模型"选项卡中单击"曲面"组中的"边界混合"按钮，如图 10-1-51 所示创建边界混合曲面。

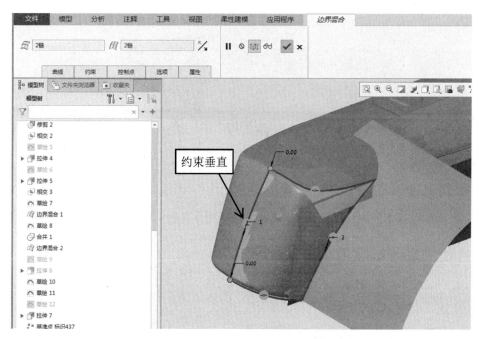

图 10-1-51　创建边界混合曲面

33．绘制草绘

选中"DTM1"基准平面，在弹出的浮动工具条中单击"草绘"按钮，进入草绘界面后，如图 10-1-52 所示设置曲线终点为草绘参考点。使用"样条"工具，如图 10-1-53 所示绘制草图（4）。

34．使用"拉伸"命令创建曲面

选中"DTM1"基准平面，在弹出的浮动工具条中单击"草绘"按钮，进入草绘界面后，如图 10-1-54 所示设置两条曲线的端点为草绘参考点。使用"线"工具，如图 10-1-55 所示绘制草图。

图 10-1-52　设置曲线终点为草绘参考点　　　　　图 10-1-53　绘制草图（4）

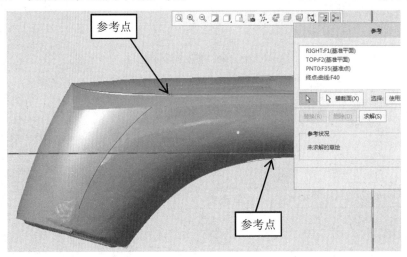

图 10-1-54　设置两条曲线的端点为草绘参考点

在"模型"选项卡中单击"形状"组中的"拉伸"按钮，如图 10-1-56 所示拉伸曲面（4），选中草图，拖动控制拉伸高度的小圆点至如图 10-1-56 所示的位置，创建拉伸曲面。

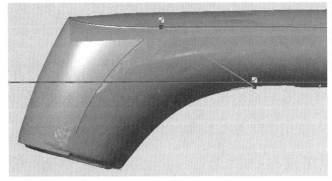
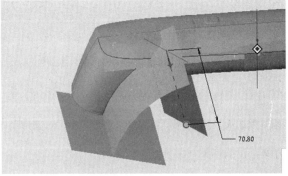

图 10-1-55　使用"线"工具绘制草图　　　　　图 10-1-56　拉伸曲面（4）

35．创建截面视图

在"视图"选项卡中单击"模型显示"组中的"截面"按钮，进入截面界面，选中图 10-1-57 所示的拉伸曲面，单击"确定"按钮，完成后的截面效果如图 10-1-58 所示。

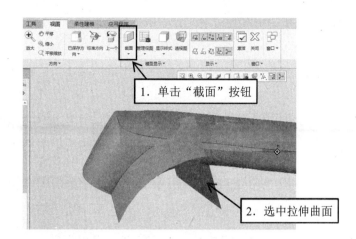

图 10-1-57　创建截面视图的操作步骤

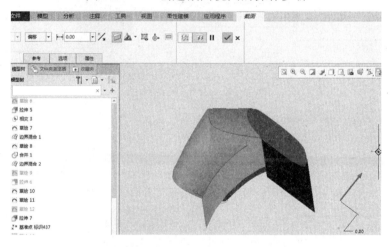

图 10-1-58　完成后的截面效果

36．绘制曲线

在"模型"选项卡中单击"基准"组中的"基准"按钮，在打开的下拉列表中，选择"曲线"选项，进入曲线编辑界面的操作步骤如图 10-1-59 所示。分别如图 10-1-60 所示放置曲线点，如图 10-1-61 所示勾选扭曲曲线，如图 10-1-62 所示添加控制点，如图 10-1-63 所示调整曲线。

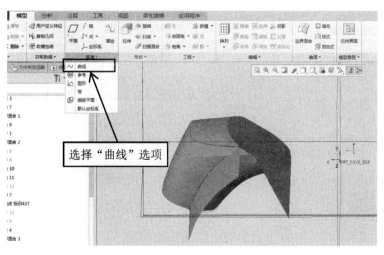

图 10-1-59　进入曲线编辑界面的操作步骤

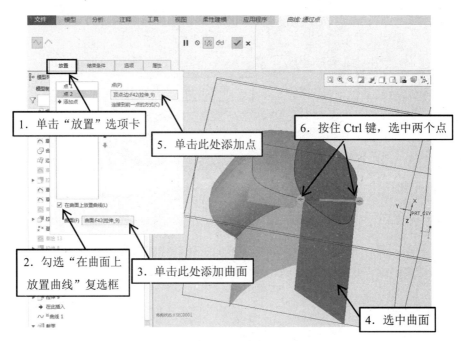

图 10-1-60　放置曲线点

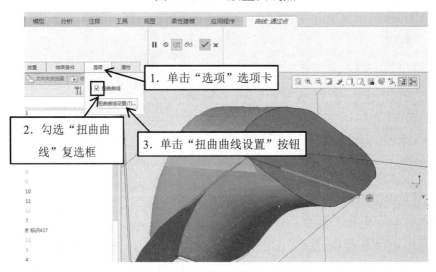

图 10-1-61　勾选扭曲曲线

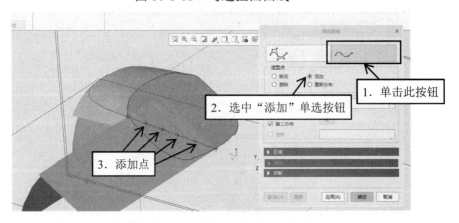

图 10-1-62　添加控制点

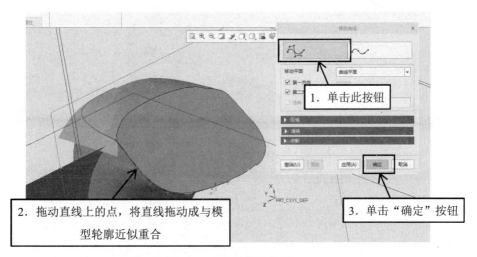

图 10-1-63　调整曲线

37. 修改约束

分别选中曲线上的两个端点，长按鼠标右键，如图 10-1-64 所示设置约束属性。

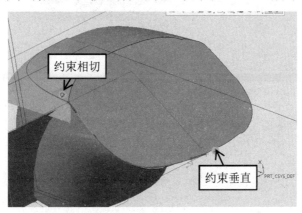

图 10-1-64　设置约束属性

接下来修改约束条件，如图 10-1-65 所示添加起点条件，如图 10-1-66 所示添加终点条件。

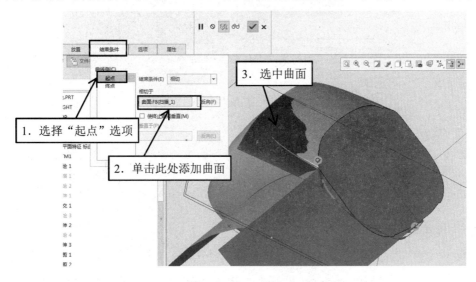

图 10-1-65　添加起点条件

38．调整轮廓

不断调整曲线轮廓，直至如图 10-1-67 所示与模型接近重合，然后单击"确定"按钮。

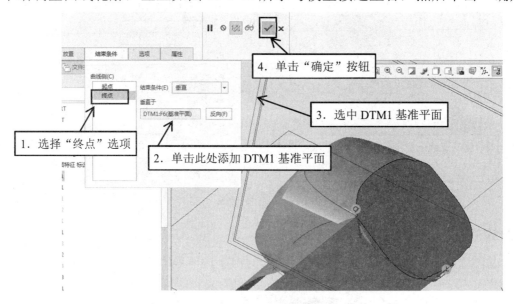

图 10-1-66　添加终点条件

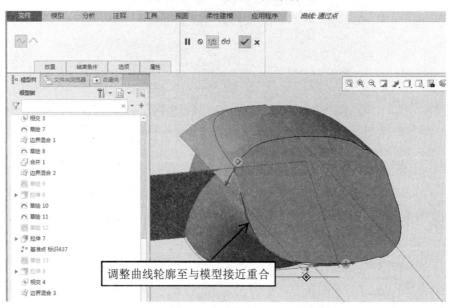

图 10-1-67　调整曲线轮廓至与模型接近重合

39．关闭截面视图

在"模型树"选项卡中，选中截面特征，在弹出的浮动工具条中单击"取消激活"按钮，如图 10-1-68 所示。取消激活后的效果如图 10-1-69 所示。

40．创建边界混合曲面

隐藏暂不需要用到的曲面后，在"模型"选项卡中单击"曲面"组中的"边界混合"按钮，创建如图 10-1-70 所示的边界混合曲面，并约束图示的两个位置分别为相切与垂直。

图 10-1-68　单击"取消激活"按钮

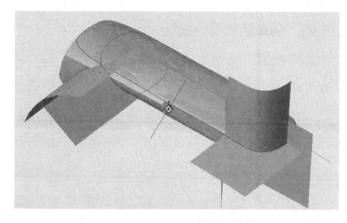

图 10-1-69　取消激活后的效果

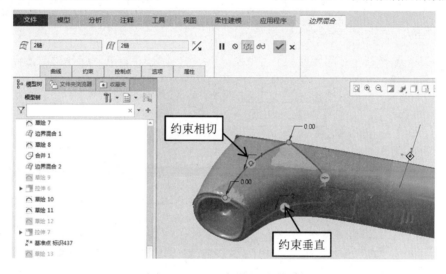

图 10-1-70　边界混合曲面

41．绘制草图

选中"DTM1"基准平面，在弹出的浮动工具条中单击"草绘"按钮，进入草绘界面后，单击"设置"组中的"参考"按钮，弹出"参考"对话框后，如图 10-1-71 所示设置两个点为草绘参考点。使用"线"工具连接这两个参考点，单击"确定"按钮，如图 10-1-72 所示完成草图绘制。

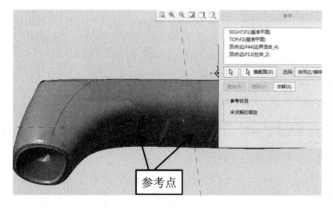

图 10-1-71　设置两个点为草绘参考点

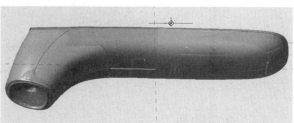

图 10-1-72　完成草图绘制

42．创建边界混合曲面

在"模型"选项卡中单击"曲面"组中的"边界混合"按钮，进入边界混合编辑界面后，单击"第一方向链收集器"按钮，如图 10-1-73 所示选中两条曲线为第一方向链曲线，单击"第二方向链收集器"按钮，如图 10-1-74 所示选中两条曲线为第二方向链曲线。修改第一方向链曲线约束如图 10-1-75 所示，修改第二方向链曲线约束如图 10-1-76 所示。

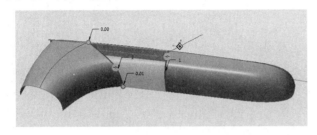

图 10-1-73　选择第一方向链曲线　　　　图 10-1-74　选择第二方向链曲线

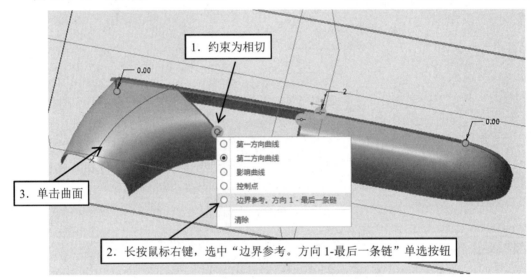

图 10-1-75　修改第一方向链曲线约束

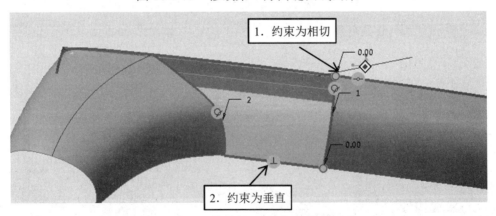

图 10-1-76　修改第二方向链曲线约束

43．合并曲面

选中要合并的曲面，在"模型"选项卡中单击"编辑"组中的"合并"按钮，进入合并编辑界面后，单击"确定"按钮，完成曲面的合并。分别选中如图 10-1-77～图 10-1-81 所示的曲面，执行上述合并操作，完成各曲面的合并。

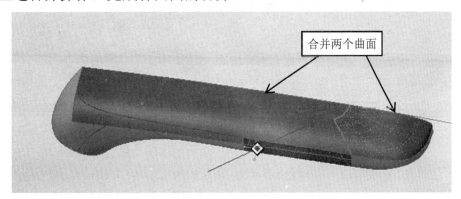

图 10-1-77　合并曲面（1）

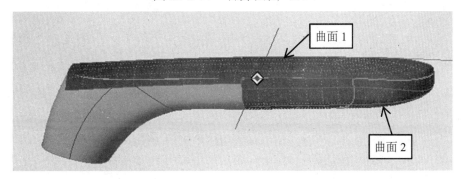

图 10-1-78　合并曲面 1 和曲面 2

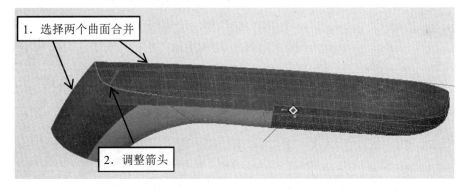

图 10-1-79　合并曲面（2）

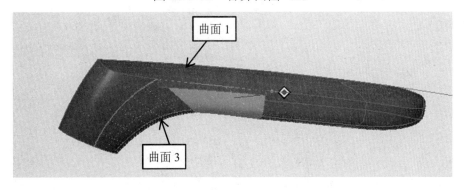

图 10-1-80　合并曲面 1 和曲面 3

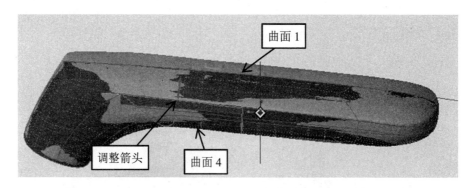

图 10-1-81　合并曲面 1 和曲面 4

44．填充平面

选中"DTM1"基准平面，在弹出的浮动工具条中单击"草绘"按钮，进入草绘界面后，如图 10-1-82 所示绘制矩形，然后单击"确定"按钮，完成草图绘制。

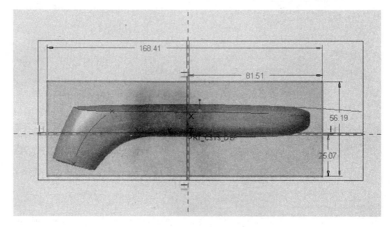

图 10-1-82　绘制矩形

选中绘制完成的草图，在"模型"选项卡中单击"曲面"组中的"填充"按钮，完成后的平面填充效果如图 10-1-83 所示。

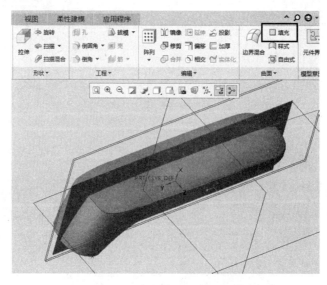

图 10-1-83　完成后的平面填充效果

45. 合并曲面

如图 10-1-84 所示，选中图中所示的曲面 1 和曲面 2 进行合并，在"模型"选项卡中单击"编辑"组中的"合并"按钮，进入合并编辑界面后，调整箭头方向至图中所示方向，单击"确定"按钮。

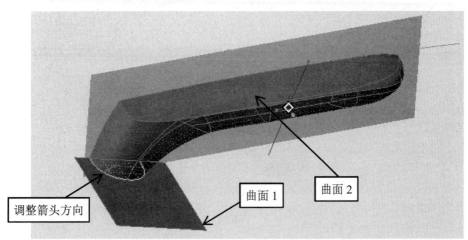

图 10-1-84　合并曲面 1 和曲面 2

选中如图 10-1-85 所示的两个曲面，重复上述操作，合并后的效果图如图 10-1-86 所示。

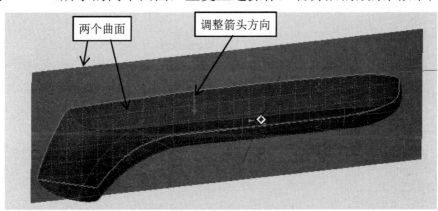

图 10-1-85　选中两个曲面

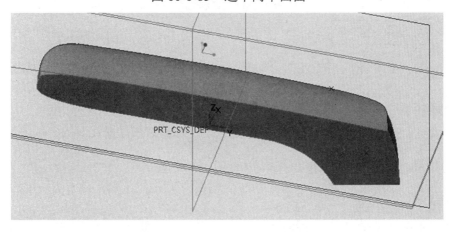

图 10-1-86　合并后的效果图

46．曲面实体化

选中上一步得到的合并后的曲面，在"模型"选项卡中单击"编辑"组中的"实体化"按钮。进入实体化编辑界面后，单击"确定"按钮，完成如图 10-1-87 所示的曲面的实体化。

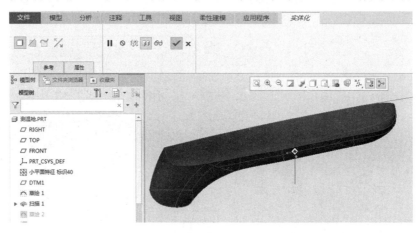

图 10-1-87　曲面的实体化

47．镜像操作

单击"模型树"选项卡中的"测温枪.PRT"文件，在弹出的浮动工具条中单击"镜像"按钮。进入镜像编辑界面后，选中"DTM1"基准平面为镜像平面，单击"确定"按钮，得到如图 10-1-88 所示的镜像后效果图。

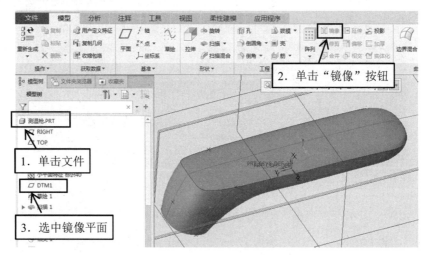

图 10-1-88　镜像后效果图

48．倒圆角特征

显示小平面特征，选中测温枪上棱边，在弹出的浮动工具条中单击"倒圆角"按钮，圆角半径设置为 1.60，完成后的倒圆角效果如图 10-1-89 所示。

49．绘制草图

偏移曲线的操作步骤如图 10-1-90 所示，选中草绘平面，在弹出的浮动工具条中单击"草绘"按钮。进入草绘界面后，设置参考线，然后单击"草绘"组中的"偏移"按钮，选中图中所示的曲线进行偏移，输入偏移值为3，单击"确定"按钮，得到如图10-1-91所示的曲线偏移后的效果图。重复该操作，完成如图10-1-92所示的曲线的偏移。

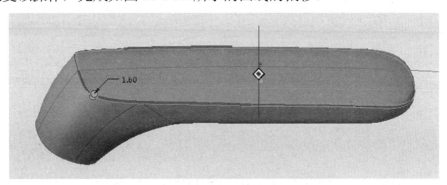

图10-1-89　完成后的倒圆角效果

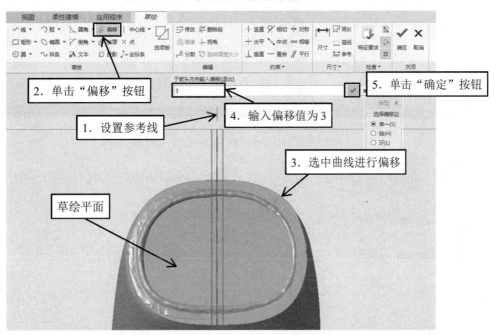

图10-1-90　偏移曲线的操作步骤

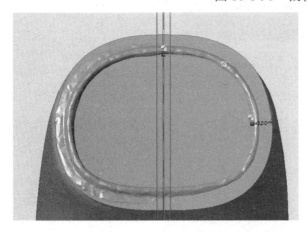

图10-1-91　曲线偏移后的效果图

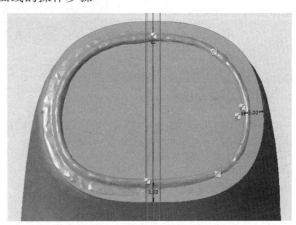

图10-1-92　曲线的偏移

选中两条偏移出来的曲线，选择"操作"→"转换为"→"样条"命令，如图 10-1-93 所示，将曲线转换为样条。

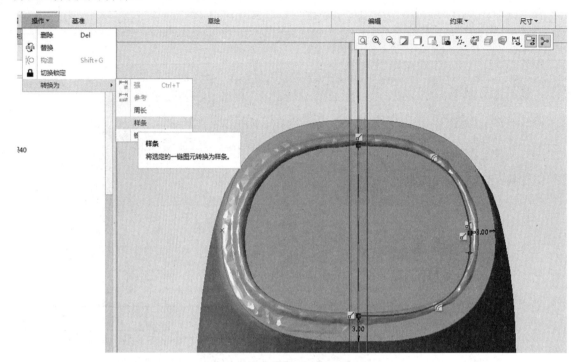

图 10-1-93　将曲线转换为样条

使用"线"工具，如图 10-1-94 所示，连接样条成封闭的区域，完成草图绘制。

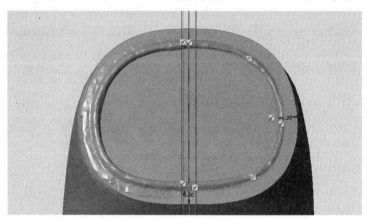

图 10-1-94　连接样条成封闭的区域

50．拉伸实体

在"模型"选项卡中单击"形状"组中的"拉伸"按钮，将上一步绘制完成的草图拉伸为实体，如图 10-1-95 所示。

51．镜像实体

在"模型树"选项卡中，选择上一步创建的拉伸实体，在弹出的浮动工具条中单击"镜像"按钮。进入镜像编辑界面后，选中"DTM1"基准平面为镜像面，单击"确定"按钮，镜像后的拉伸实体如图 10-1-96 所示。

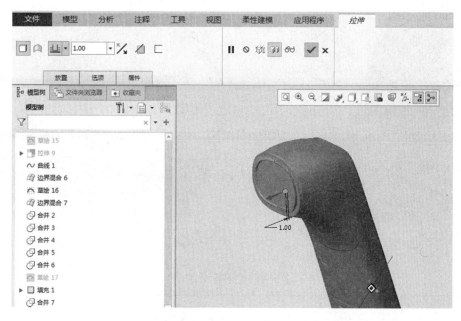

图 10-1-95　将草图拉伸为实体

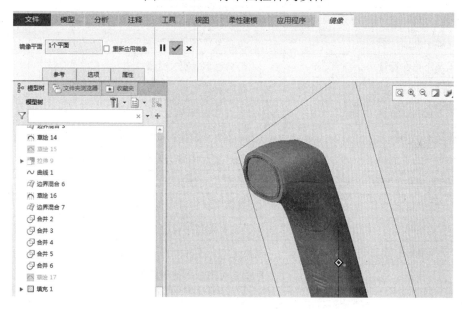

图 10-1-96　镜像后的拉伸实体

52. 倒圆角特征

选中枪头、枪头凸台的棱边，在弹出的浮动工具条中单击"倒圆角"按钮，设置枪头的圆角半径为 1.00，枪头凸台的圆角半径为 0.20，枪头倒圆角后的效果如图 10-1-97 所示，枪头凸台倒圆角后的效果如图 10-1-98 所示。

53. 保存为 STL 文件

参照项目一中文件保存的操作，将文件另存为"测温枪.stl"，并将弦高设置为 0.01。

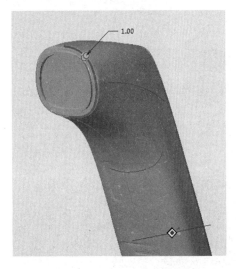

图 10-1-97　枪头倒圆角后的效果

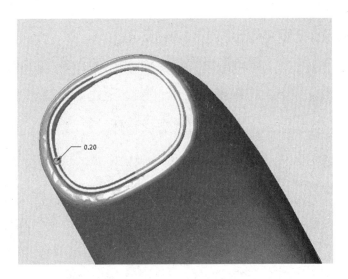

图 10-1-98　枪头凸台倒圆角后的效果

逆向建模任务评价表

序号	检测项目	配分	评分标准	自评	组评	师评
1	主体上曲面特征	8	是否有该特征，无则全扣			
2	主体后方曲面特征	8	是否有该特征，无则全扣			
3	尾部上曲面特征	8	是否有该特征，无则全扣			
4	尾部下曲面特征	8	是否有该特征，无则全扣			
5	头部底面曲面特征	8	是否有该特征，无则全扣			
6	头部前曲面特征	8	是否有该特征，无则全扣			
7	头部后曲面特征	8	是否有该特征，无则全扣			
8	主体中下方曲面特征	8	是否有该特征，无则全扣			
9	各曲面合并实体化	8	是否有该特征，无则全扣			
10	镜像特征	6	是否有该特征，无则全扣			
11	文件导出	6	导出文件弦高设置是否正确			
12	与原模型匹配程度	8	根据逆向建模匹配程度酌情评分			
13	其他	8	根据是否出现其他问题酌情评分			
14	合计					
	互评学生姓名					

任务二　3D 打印

1. 导入文件

切片操作视频

双击切片软件图标启动该软件。单击"载入"按钮，选择上一步导出的"测温枪.stl"文件，单击"打开"按钮，导入后的测温枪模型摆放图如图 10-2-1 所示。

2．摆正模型

单击"旋转"按钮旋转物体，单击"放平"按钮，将模型摆正。

3．缩放模型

单击"缩放模型"按钮缩放物体，将 X 轴数值改为 0.5，即将模型缩小至原来的 1/2，如图 10-2-2 所示。

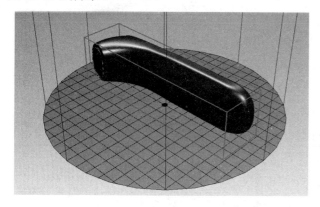

图 10-2-1　导入后的测温枪模型摆放图

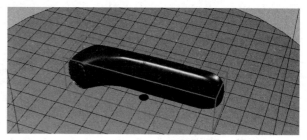

图 10-2-2　将模型缩小至原来的 1/2

4．切片软件设置

（1）单击"切片软件"按钮，输入打印速度为 60～70mm/s，质量为 0.2mm，填充密度为 30%。单击"配置"按钮，设置速度参数保持默认并输入质量参数为 0.2mm，设置完成后单击"保存"按钮，将参数保存。

（2）单击"结构"按钮，设置参数，外壳厚度和顶层/底层厚度均为 1.2mm，其余参数保持默认。

　思考问题：支撑会对模型产生什么影响？

 技能加油站

提高模型表面质量有以下两种方法。

（1）选择较小的分层厚度，以提高模型表面的打印质量，同时将表面质量要求较高的面竖直或水平状态摆放。

（2）对制件进行打磨处理。若制件表面质量较好，可用细砂纸对其进行适当的打磨；若制件表面粗糙度过高，则需要在其表面打上腻子来填充空隙。同时为满足实际的需要，也可以根据正、负误差的特点，在设计模型时将尺寸略微增加或减少 0.1～0.2mm，来补偿打磨造成的消耗。

5. 切片导出

单击"开始切片"按钮进行切片，切片完成后，单击"保存"按钮，将切片数据导出到SD卡中，文件保存类型为GCode，然后将SD卡插进3D打印机进行打印。

3D 打印任务评价表

序号	检测项目	配分	评分标准	自评	组评	师评
1	打印操作	10	是否进行调平（5）			
			操作是否规范（5）			
2	模型底部	10	模型底部是否平整			
3	整体外观	10	外观是否光顺无断层、无溢料			
4	主体上曲面特征	10	上曲面特征是否残缺			
5	主体后曲面特征	10	后曲面特征是否残缺			
6	手柄尾部特征	10	手柄尾部特征是否残缺			
7	头部特征	10	头部特征是否残缺			
8	顶层填充	10	顶层是否出现空洞、缝隙			
9	支撑处理	10	支撑是否去除干净、无毛刺			
10	其他	10	根据是否出现其他问题酌情评分			
11	合计					
互评学生姓名						

 项目拓展

完成如图 10-2-3 所示剃须刀的逆向建模与 3D 打印。

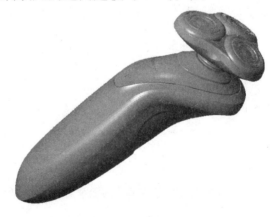

图 10-2-3　剃须刀